Die Naturwissenschaft ist einer der bestimmenden Faktoren der gegenwärtigen Zivilisation. Das ist die Ausgangsthese in Ervin Laszlos Buch, in dem es um das Verhältnis von Wissenschaft und Wirklichkeit und um die Vision ihrer Einheit geht. Unabweisbar ist die Notwendigkeit eines neuen Wissenschaftsparadigmas; die Richtung, in die die Wissenschaften sich zu entwickeln haben, muß neu bestimmt werden. Die große, Gesellschaften und Staaten formende Kraft der Wissenschaft wird in Zukunft vitalere Aufgaben als je zuvor erhalten. Die ersten drei Abschnitte des Buches behandeln die Frage nach dem Ursprung und der Seinsform der Materie, nach der Evolution des Lebens und nach der Entwicklung des Bewußtseins. Kapitel vier beschreibt die daraus für die Wissenschaften entstehenden Herausforderungen; Kapitel fünf entfaltet eine Theorie der Vernetzung. Den Abschluß bildet ein Gespräch, das Joseph Schaeffer vom Marlboro College, Vermont, mit Laszlo zum Thema geführt hat.

Eine populäre Zusammenfassung neuester kosmologischer und quantenmechanischer Theorien – und zugleich ein anregender und provokativer Essay über neue Aufgaben und Problemstellungen in Wissenschaft und Gesellschaft.

Ervin Laszlo, 1932 in Budapest geboren. Dr. Dr. h.c. mult. Konzertpianist unter Bruno Walter und Leopold Stokowski. Promotion in Naturwissenschaften an der Pariser Sorbonne, Dozent an den Universitäten Yale und Princeton, Professor für Philosophie, Systemwissenschaft und Zukunftsforschung. Wissenschaftlicher Berater des Generaldirektors der UNESCO, Mitglied des Club of Rome, Rektor der Wiener Akademie für Zukunftsfragen, Gründungsrektor der Frankfurter Akademie für Evolutionäres Management. Laszlo verfaßte, neben zahlreichen Zeitschriftenbeiträgen, 51 Bücher. In Deutschland sind u.a. erschienen: *Evolution – die neue Synthese* (1987), *Evolutionäres Management* (1992), *Global denken. Die Neu-Gestaltung der vernetzten Welt* (1989), *Die inneren Grenzen der Menschheit* (1988), *Der Laszlo-Report. Wege zum globalen Überleben* (1992). Im Insel Verlag erscheint 1994 *Quantendämmerung. Eine neue Theorie der Kreativität.*

Ervin Laszlo
Wissenschaft und Wirklichkeit

*Aus dem Englischen
von Vladimir Delavre und
Mechthild Kühling*

Insel Verlag

insel taschenbuch 1570
Erste Auflage 1994
Originalausgabe

Hinweise zu dieser Ausgabe am Schluß des Bandes
Vertrieb durch den Suhrkamp Taschenbuch Verlag
Umschlag nach Entwürfen von Hermann Michels
Druck: Nomos Verlagsgesellschaft, Baden-Baden
Printed in Germany

1 2 3 4 5 6 - 99 98 97 96 95 94

Inhalt

Einleitung
Die Macht der Wissenschaft

Die Naturwissenschaft ist einer der bestimmenden Faktoren der gegenwärtigen Zivilisation – wenn nicht der wichtigste Faktor. Die Umwälzungen unserer Tage werden weniger durch die Entscheidungen von Politikern oder Diktatoren ausgelöst als durch die sozialen und technologischen Folgen wissenschaftlicher Errungenschaften. Die ständig abnehmende Bedrohung durch militärische Einsätze zur Beilegung internationaler Konflikte ist eine der Konsequenzen der Fortschritte der Kernphysik: Die Entwicklung der Nukleartechnologie hat die Sprengkraft der nationalen Arsenale in einem Ausmaß erhöht, daß die Waffen nutzlos, weil nicht mehr anwendbar sind: Sie gefährden jetzt die gesamte Menschheit, Sieger und Besiegte gleichermaßen. Die Erfolge der Biotechnologie ermöglichen die Manipulation des genetischen Materials unserer Spezies; die Konsequenzen, seien sie von Vorteil oder von Nachteil, sind unvorhersehbar. Die industrielle Produktion bringt das lebensnotwendige Gleichgewicht der Biosphäre ins Wanken, sie verändert die chemische Zusammensetzung des Bodens, des Wassers, der Luft und zerstört das Weltklima. Die Erfolge der Mikroelektronik ermöglichen eine sofortige Verarbeitung der Informationsflut, und fast jeder kann an jedem Ort der Erde praktisch ohne Verzögerung auf neue Informationen zugreifen.

Gleichzeitig verlängern wissenschaftliche Erkenntnisse die Lebenszeit des Menschen, ermöglichen kürzere Arbeits- und mehr Freizeit und versetzen den Menschen in die Lage, jeden Ort auf jedem der sechs Kontinente in wenigen Stunden verhältnismäßig bequem und sicher zu erreichen. Wissenschaftliche Entdeckungen machen uns Meinungen, Bilder und Informationen zu jedem Thema und jedem denkbaren Bereich öffentlichen Interesses verfügbar, von lokalen Ereignissen bis zu globalen Problemen.

Um so bedauerlicher ist es, daß das Bild, das wissenschaftliche Erkenntnisse von der Welt vermitteln, nach wie vor vage bleibt. Wissenschaftliche Erkenntnisse werden der Öffentlichkeit verkürzt präsentiert, indem lediglich die Ergebnisse ihrer Anwendung dargestellt werden; über die eigentliche Bedeutung der Entdeckung wird nicht unterrichtet. Tatsächlich gelingt es auch den Wissenschaftlern selbst in den meisten Fällen nicht, die Bedeutung der Vorgänge, die sie untersuchen, oder die Bedeutung der gemachten Entdeckungen ausreichend zu erläutern. Eleganz und Präzision der mathematischen Beweisführung sind für wissenschaftliche Theorien zur Hauptsache geworden, die Bedeutung solcher Formeln für unser Verständnis von der Welt wird dabei nebensächlich.

Diese augenblickliche Situation bedarf unbedingt einer Korrektur. Falsche Vorstellungen über die Beschaffenheit der Welt können zu falschen Vorgehensweisen und fehlerhaften Nutzanwendungen führen. Die Menschen von heute glauben noch an das Weltbild, das von der Wissenschaft einer vergangenen Epoche geschaffen wurde, und leben danach. Nachdem Newton das Universum als ein von präzisen mechanischen Kräften regiertes dargestellt hatte, fand John Locke ebensolche Naturgesetze für die menschliche Gesellschaft, und Adam Smith entdeckte auf dem Gebiet der Ökonomie die unsichtbare Hand, die private und öffentliche Interessen ordnend in Einklang bringt. Bis zum heutigen Tag werden unsere Eingriffe in die Gesellschaft und in die Natur vom absolutistischen mechanistischen Weltbild der Newtonschen Physik bestimmt: Wir glauben, wir könnten die Welt unseren Wünschen entsprechend gestalten, so wie wir ein Gebäude oder eine Brücke nach unseren Vorstellungen konstruieren. Als Darwin seine Evolutionstheorie veröffentlichte, verinnerlichte die westliche Welt, anstatt auf ewig gültige Naturgesetze zu vertrauen, den Konkurrenzgedanken, der auf dem Glauben basiert, daß im Überlebenskampf nur der Stärkste besteht. Macht und Reichtum wurden Zeichen persönlicher Stärke; Armut und Außenseitertum Zeichen des Schwachen. In unserem Jahrhundert hatte auch die von Einstein eingeführte Relativitätstheorie eine spürbare Auswirkung, die jedoch auf einem falschen Verständnis seiner Gedanken beruhte. Sie löste die Überzeugung aus, daß alles relativ sei, selbst Freiheit, Gesundheit, Moral und Gerechtigkeit.

In einer Zeit, in der alles, was wir tun, von den Konsequenzen wissenschaftlicher Theorien durchdrungen ist, können solche falschen Vorstellungen tragische Folgen haben. Im Mittelalter war das Verhältnis von Kirche und Staat das von Herr und Diener; ein Monarch mußte sich, um regieren zu dürfen, auf göttliches Recht berufen. In den mehr als drei Jahrhunderten, die seit Newtons Entdeckungen vergangen sind, ist die Wissenschaft an die Stelle der Kirche getreten und zu einer eigenständigen säkularen Religion geworden. Sie hat sich eine gelehrte Priesterschaft mit Zugang zu geheimem Wissen herangezogen, und nun legitimieren die Ansichten einiger Mitglieder dieses exklusiven Zirkels Handlungsweisen und Verhalten über den traditionellen Glauben und die allgemeinen Moralvorstellungen hinaus.

In modernen Gesellschaften ist Wissenschaftlichkeit zur Legitimationsgrundlage für fast alles geworden. Die Lehrsätze der Physik rechtfertigen Eingriffe in Natur und Gesellschaft; die Entdeckungen der Biologie finden ihren Niederschlag in der Gesundheitspolitik; die Formeln der Mikroökonomie bestimmen die Unternehmensführung einzelner Betriebe ebenso, wie die Doktrinen der Makroökonomie das Management des nationalen und internationalen Handels und Kapitalflusses bestimmen. Das große Interesse an Ökologie, das die Menschen heute haben, ist eine Art Nebenprodukt der wissenschaftlichen Entdeckung, daß in unserer Welt auf die eine oder andere Weise alles mit allem verbunden ist.

Im Jahre 1597, fast ein Jahrhundert vor Newton, hatte der englische Philosoph Francis Bacon gesagt, daß Wissen Macht bedeute. Bezogen auf die moderne Gesellschaft und unter der Voraussetzung, daß es sich bei jenem ›Wissen‹, das Macht bedeutet, um das der Wissenschaft handelt, hatte Bacon recht. Dies hat schwerwiegende Folgen. Die Macht in einer demokratischen Gesellschaft darf nicht auf wenige konzentriert sein, das Wissen sollte gemeinsamer Besitz werden, für alle zugänglich. Mit dieser Verfügbarkeit sind nicht die für wissenschaftliches Arbeiten erforderlichen Kenntnisse gemeint – Kenntnisse, die zur Erklärung, Ausarbeitung und Anwendung wissenschaftlicher Theorien und Hypothesen notwendig sind. Das Wissen, das Macht bedeutet und deshalb geteilt werden muß, ist nicht die Kenntnis technischer Einzelheiten wissenschaftlicher Theorien, sondern das Wissen um ihre grundlegende Bedeutung.

Traditionell haben Wissenschaftsjournalisten und Autoren populärwissenschaftlicher Sachbücher die Aufgabe übernommen, Informationen über die Bedeutung der wissenschaftlichen Erkenntnisse zu verbreiten. Das ist heutzutage nicht mehr ausreichend. Die Wissenschaft selbst schreitet so schnell fort, daß die Populärversion des neuen Wissens in dem Augenblick, in dem sie die breite Öffentlichkeit erreicht, wahrscheinlich schon überholt ist. Wissenschaft muß von innen gesehen und dargestellt werden, nicht als ein Wust mathematischer Formeln, auch nicht als ein Inventar eingeführter, ewiger Wahrheiten, sondern als eine immerwährende intensive Suche, die zu einem ständig wachsenden Verständnis der Grundlagen der Wirklichkeit führt, in der wir Menschen leben.

Es ist nicht einfach, einen Eindruck von der Rolle der Wissenschaft als einer sich entfaltenden Unternehmung zu vermitteln, die die Konturen einer sich entfaltenden Wirklichkeit aufzeichnet. Mit Ausnahme einiger Theoretiker sind die Wissenschaftler selbst zu sehr mit den technischen Besonderheiten ihrer Arbeitsgebiete beschäftigt, um deren allgemeine Bedeutung erfassen zu können. Sie sind gleichfalls zu intensiv mit Einzelfragen beschäftigt, um einen Blick auf das Ganze werfen zu können. Auf der anderen Seite haben diejenigen, die nicht an der Spitze der wissenschaftlichen Forschung stehen, eine vereinfachte Sichtweise, die die Ergebnisse wissenschaftlicher Forschung so in den Mittelpunkt stellt, als vermittelten diese Ergebnisse bleibende Wahrheiten über eine unveränderliche Realität. Solches Wissen in der Gesellschaft zu verbreiten ist wenig hilfreich; der doktrinäre Ansatz ist irreführend, und die Inhalte sind schnell überholt.

Die Herausforderung besteht darin, die Anstrengungen der Wissenschaft zu verfolgen, wie sie nach den Umrissen einer sich ständig verändernden, immer schwer faßbaren, aber niemals völlig unfaßbaren Wirklichkeit greift. Und mehr noch: Es ist eine Herausforderung, die Umrisse der Wirklichkeit, nach denen die Wissenschaft sucht, zu erkennen: einer Wirklichkeit, die das lebenswichtige Umfeld des Menschen, der Zivilisation und der Natur dieses Planeten bildet.

Diese kurze Studie will die Herausforderung annehmen. Sie unternimmt den Versuch, das wissenschaftliche Verständnis der grundlegenden Bereiche unserer Wirklichkeit – Materie, Geist und Leben – darzustellen. Sie zeigt, daß solches Verständnis immensen Problemen gegenübersteht: Rätseln, die im Gewebe der wissenschaftlichen Weltsicht bleibende ›schwarze Löcher‹ bilden. Diese Herausforderung treibt führende Wissenschaftler zu einer anderen Wirklichkeitsauffassung, zu einer neuen Sicht, die sich vom gegenwärtigen Konzept ebenso grundlegend unterscheiden könnte wie die mechanistische Physik von der Physik des 20. Jahrhunderts.

Für mich war das Zusammentragen der Bestandteile und die Analyse der Eigendynamik der neuen Sicht in der Wissenschaft ein wirkliches Aha-Erlebnis. Ich hoffe, daß es dem Leser ebenso ergeht.

Ervin Laszlo

I. Wissenschaft und das Wesen der Materie

Der Begriff Materie, wie er hier verwendet wird, bezeichnet die fundamentale Substanz der Wirklichkeit. Dies ist die seit Jahrhunderten und auch heute noch übliche Bedeutung des Begriffs »Materie«. Nicht alle mögen sich dieser Sichtweise anschließen; insbesondere eher traditionelle Theologen, die Gott und den Geist, den er der Natur eingehaucht hat, als die elementaren Bestandteile der Wirklichkeit ansehen; Metaphysiker, für die das Bewußtsein über allem steht, für die Materie mehr oder weniger erst daraus entstanden ist; und einige wenige Quantenphysiker mit einer Vorliebe für philosophisches Denken, die bei ihren Versuchen, die Beschaffenheit der kleinsten Bestandteile von Materie zu ergründen, auf für sie sehr beunruhigende Ergebnisse stoßen.

Materie im hier gemeinten Sinn ist das Fundament der physikalischen Wirklichkeit, und diese stellt ihrerseits die Grundlage dar, auf der alle anderen Bereiche und Teilbereiche der wirklichen Welt aufbauen. Das heißt jedoch nicht, daß die kleinsten beobachtbaren Bestandteile der Materie feste, unzerlegbare Bauteile sein müssen, etwa in Form kleinster ›Ziegelsteine‹ oder ›Billardkugeln‹. Materie könnte sich als punktuell verdichtete Energie in einem großen kosmischen Feld erweisen, die, wenn bis jetzt auch nur schemenhaft erkennbar, in ihrem eigentlichen Wesen einem kosmischen Bewußtsein ähnlicher ist als einem leblosen Felsen.

Geburt und Tod der Materie im Universum

Anders als bei dem Wettstreit unterschiedlicher physikalischer Kosmologien (Theorien über das Wesen und die Entwicklung des Kosmos) und verschiedener Kosmogonien (Theorien über den Ursprung des Kosmos) besteht über den Ursprung und die Entwicklung von Materie im Universum heute in wesentlichen Punkten Einigkeit.

Das allgemein akzeptierte kosmologische Szenario – die Urknall-Theorie – wurde in den achtziger Jahren unseres Jahrhunderts entwickelt und kürzlich durch eine Computeranalyse von ca. 300 Millionen Einzelbeobachtungen bestätigt, die im Laufe des Jahres 1991 vom NASA-Satelliten Cobe (*Cosmic Background Explorer Satellite* zur Erforschung der kosmischen Hintergrundstrahlung) aufgezeichnet wurden. Die Ergebnisse zeigen, daß Schwankungen der kosmischen Hintergrundstrahlung durch beim Urknall erzeugte Streuungen bedingt sind und nicht, wie manchmal vermutet wurde, durch die Störstrahlung von Sternen hervorgerufen werden. Diese Schwankungen der Hintergrundstrahlung stammen aus der Zeit vor ungefähr 15 Milliarden Jahren, als das Universum erst ca. 300000 Jahre alt war. Sie sind Abbilder riesiger Materiewolken – die Vorläufer der Galaxien. Die Galaxien sind also die Folge minimaler Inhomogenitäten, die bei der Ausbreitung des kosmischen Feuerballs, Bruchteile einer Sekunde nach seiner Explosion, auftraten.

Der Urknall bestand aus zwei rasch aufeinanderfolgenden Phasenübergängen. Der erste bewirkte die explosionsartige Aufblähung des fluktuierenden Vakuums, der kosmischen Quelle, aus dem das Universum hervorging. Mit dem zweiten Phasenübergang ging das inflationäre Universum in einen ruhigeren Ausdehnungsprozeß über, der bis heute anhält. Eine weitere Änderung fand statt, als das Universum zwischen 50000 und einer Million Jahre alt war: Materie und Strahlung trennten sich. Der Raum wurde transparent, und Materieteilchen entstanden innerhalb des sich ausdehnenden Weltraums. Seit diesem Zeitpunkt ist die Geschichte des beobachtbaren Universums die Geschichte der Entwicklung von Materieteilchen in Sternen und im interstellaren Raum.

Die Materie, die sich heute in den Weiten des Weltalls befindet, wurde in den ersten Millisekunden nach der Geburt des Universums erzeugt. Sie entstand allerdings weder gleichzeitig noch im Detail vollständig. Aufgrund der extrem hohen Temperaturen, die zu Beginn des Universums herrschten, gab es lediglich ultraheißes Plasma: Atome gab es noch nicht, denn das thermische Rauschen verhinderte die Verbindung von Elektronen und Kernen. Mit der Abkühlung des Plasmas begannen die Elektronen, die Kerne zu umkreisen, so daß ein Atomgas entstand. So verdichteten sich Galaxien aus dem Plasma, und innerhalb der Galaxien entstanden auf die gleiche Weise Sterne. Die fortschreitende Abkühlung erlaubte die Formation komplexer Moleküle, Materie ging vom gasförmigen in den flüssigen und danach in den festen Zustand über. Es ist wahrscheinlich, daß auf einigen Planeten molekulare und kristalline Strukturen sich zu Protobionten formierten und unter günstigen klimatischen und chemischen Bedingungen den Weg für die Entstehung von Konfigurationen höherer Ordnung bereiteten, die für das Phänomen des Lebens Voraussetzung sind.

In den letzten 15 Milliarden Jahren führte die Evolutionsgeschichte der Materie zu konstruktiven Ergebnissen. Auf der kosmischen Ebene verdichteten Materieteilchen sich zu Sternen und Sternensystemen, auf der

Mikroebene bildeten sie Atome, Moleküle, Kristalle und die komplexeren Zusammensetzungen, die die Bausteine des Lebens bilden.

Auch heute noch, nachdem das Universum seit über 15 Milliarden Jahren existiert, formiert Materie sich in Sternen zu immer schwereren Elementen und auf dazu geeigneten Planeten zu immer komplexer werdenden Organismen. Obwohl die konstruktive kosmische Epoche noch einige Milliarden Jahre fortbestehen kann, wird sie dennoch nicht endlos andauern. Früher oder später wird sich die Evolution der Materie im Kosmos in eine Devolution umkehren. Diese Umkehrung wird zu verschiedenen Zeiten an verschiedenen Orten stattfinden, und sie wird unwiderruflich sein. Die Materie im Kosmos wird zerfallen und schließlich völlig verschwinden.

Die Geschichte der Devolution von Materie kann, ebenso wie die ihrer Evolution, aus den heutigen Kosmologien geschlossen werden. In etwa 10^{12} (einer Billion) Jahren werden die existierenden Sterne ihren Wasserstoff zu Helium umgewandelt haben, so daß keine weiteren Sterne entstehen können. Schließlich wird auch das Helium erschöpft sein, die Sterne werden Weiße Zwerge, und die Galaxien färben sich rötlich. Wenn sich die Sterne noch weiter abkühlen, werden die Galaxien völlig unsichtbar.

Durch die Emission von Gravitationswellen wird die Energie in den Galaxien verlorengehen, und die Einzelsterne werden dichter zusammenrücken. Dabei steigt die Wahrscheinlichkeit, daß es zu Kollisionen kommt. Finden Kollisionen statt, so werden einige Sterne ins Zentrum der Galaxien stürzen und andere in den außergalaktischen Raum katapultiert. Als Folge davon schrumpfen die Galaxien, auch die Galaxienhaufen nehmen ab, und schließlich implodieren Galaxien und Galaxienhaufen zu Schwarzen Löchern.

Nach Ablauf von 10^{34} Jahren wird die Materie im Kosmos auf Strahlung, Elektron-Positron-Paare und verdichtete Kerne in Schwarzen Löchern reduziert sein. Die Schwarzen Löcher selbst werden zerfallen, wie Stephen Hawking es beschrieben hat. Ein Schwarzes Loch, das durch den Kollaps einer Galaxie entstanden ist, wird in 10^{99} Jahren verschwinden, und ein gigantisches sogenanntes Schwarzes Loch mit der Masse eines galaktischen Superhaufens wird in 10^{117} Jahren verschwinden. Über diesen Zeitpunkt hinaus wird es im Kosmos nur noch Elektron-Positron-Paare, Neutrinos und Gammastrahlen geben.

Wann genau die Materie im Universum in sich zusammenstürzen wird, hängt davon ab, ob die Protonen zerfallen oder nicht. Wenn die Halbwertzeit eines Protons 10^{31} Jahre beträgt, werden nach 10^{32} Jahren praktisch sämtliche schweren Partikel zerfallen sein. Obwohl einige Protonen und die Bestandteile aus dem Zerfall anderer schwerer Partikel länger leben, werden sie nach 10^{117} Jahren ebenfalls verschwinden. (Wenn Protonen *nicht* zerfallen, erweitert sich die Zeitspanne auf 10^{122} Jahre. Zu diesem Zeitpunkt werden selbst nicht zerfallende Protonen in den durch den Kollaps von Galaxien und galaktischen Sternenhaufen entstandenen Schwarzen Löchern verdampft sein.)

Zum gegenwärtigen Zeitpunkt ist nicht bekannt, ob das Universum sich endlos ausdehnen oder implodieren wird, oder ob es auf dem schmalen Grat zwischen Expansion und Implosion das Gleichgewicht hält. Diese Frage kann erst beantwortet werden, wenn die astronomischen Beobachtungen genauere Schätzungen über die Menge der im

All vorhandenen Materie zulassen. Wenn die Menge der Materie eine kritische Grenze *übersteigt*, wird die Anziehungskraft die Fliehkraft der Expansion überwinden: Die Galaxien werden in einen einzigen Punkt zusammenstürzen – dessen Größe durchaus über Null liegen könnte, da die maximale Materiedichte quantenphysikalisch begrenzt ist.

Liegt die Menge der Materie im Kosmos *unterhalb* oder genau *an* der kritischen Grenze, werden die Galaxien sich entweder weiterhin endlos ausdehnen oder in einem stabilen Gleichgewicht zwischen Expansion und Implosion verharren. Dennoch führen die geschilderten Szenarien zum gleichen Ergebnis, wenn es um das endliche Schicksal der Materie geht. Die nicht zerfallenen Partikel werden entweder im allumfassenden *Big Crunch* des implodierenden Kosmos hochverdichtet, oder sie werden im sich ausdehnenden (oder im Gleichgewicht befindlichen) Universum in den Implosionen riesiger Schwarzer Löcher von der Größe von Sternenhaufen zerfallen. Von der Bühne der kosmischen Geschichte werden sie in jedem Fall abtreten.

Was ist Materie?

Das heutige Verständnis von der Geschichte der Materie im Universum ist das Ergebnis einer langen Suche nach dem Verständnis der wahren Natur der physikalischen Wirklichkeit. Über die Grundzüge des Ursprungs, der Evolution und Devolution von Materie im Universum besteht Einigkeit, aber die Suche ist damit noch nicht beendet. Obwohl die Geschichte der Materie als Bestandteil des Universums mehr und mehr geklärt werden kann, gibt es noch keine eindeutige Antwort auf die Frage »Was ist Materie?«.

Bereits die großen Zivilisationen der Antike suchten nach einer Erklärung. An Mythen angelehnte Kosmologien wurden in der präkolumbischen Zivilisation der Maya, Inka und Azteken entwickelt, ebenso in den Stammesgesellschaften Afrikas. Die sumerische, babylonische und die ägyptische Kultur an der Wiege der westlichen Welt, die indische und die chinesische Zivilisation der beginnenden orientalischen Kultur, sie alle schufen detaillierte und vielfach mythische Beschreibungen dessen, was sie für das wahre, eigentliche Wesen der Wirklichkeit hielten. Die Grundlagen für einen rationalen Denkansatz über das Wesen der erlebten Welt – und damit der Ursprung einer systematischen Erforschung der Beschaffenheit von Materie – wurden im 6. Jahrhundert v. Chr. von den Naturphilosophen im alten Griechenland geschaffen.

Die ionischen Naturphilosophen gaben die mythischen Weltvorstellungen auf, die in der mediterranen Zivilisation bis dahin vorherrschend gewesen waren. Sie versuchten das Wesen der Welt zu erfassen, indem sie davon ausgingen, daß sie aus einem gemeinsamen Urstoff oder einer Ursubstanz entstanden sei. Die klassischen griechischen Philosophen trafen zunächst keine klare Unterscheidung zwischen Materie und Geist oder einer materiellen und einer ideellen Wirklichkeit; sie folgerten, daß die vorgefundene Verschiedenheit und Ordnung allmählich aus einem Zustand hervorgegangen sein mußte, der ursprünglich weniger Verschiedenheit und größere Unordnung aufwies.

Das Universum, so die hellenistische Philosophie, schreitet vom Zustand des »Chaos« (Abwesenheit von Ordnung) voran zu einem Zustand des »Kosmos« (allumfassende Ordnung). Sie glaubten – und dieser Glaube stammte sicherlich aus den östlichen Philosophien –, daß der Verschiedenheit des Wahrnehmbaren eine zusammenhängende und einheitliche Wirklichkeit zugrunde liegt. Aber im Unterschied zu den klassischen Philosophen des Ostens waren die Griechen der Überzeugung, diese Wirklichkeit könne allein mit dem Verstand, ohne Rückgriff auf mystische Intuition, erfaßt werden.

Die frühen Versuche konzentrierten sich darauf, in der vielgestaltigen Welt der Sinneserfahrung die zugrundeliegende Einheit zu verstehen, die die griechischen Denker »das Eine« nannten. Das Eine war sowohl in einem Sandkorn enthalten wie auch in der Gesamtheit des Universums. Ihrer Auffassung nach reflektierte der Mikrokosmos den Makrokosmos, der Makrokosmos den Mikrokosmos. Auch »die Vielheit« war den Griechen bewußt, sie sahen die vielfältigen Dinge der Welt: die Pflanzen, die Tiere, die Menschen, das Meer und die Wolken. Sie erklärten, daß diese Vielheit einem einheitlichen Urstoff oder einer »Substanz« entstammt – Einheit, erklärten sie, wohnt immer im Schoß der Verschiedenheit. Thales zufolge war das Wasser der Urstoff, sein Schüler Anaximander war der Auffassung, daß Feuer, Erde und Luft eine ebenso wichtige Rolle spielten: Der Urstoff war unbestimmt, unbegrenzt und unendlich. Anaximenes andererseits behauptete, der Urstoff habe aus Luft bestanden und habe mit Hilfe der Sonnenwärme Pflanzen, Tiere und Menschen durch spontane Schöpfungsakte hervorgebracht.

Die Griechen entwickelten die Form der Naturphilosophie, die Thales begründet hatte, zu einem verfeinerten, komplexen System weiter. Heraklit, der Feuer als den wichtigsten der Stoffe ansah, betonte ununterbrochenes Werden und Vergehen, das Prinzip »Alles fließt«. Seinem berühmten Ausspruch zufolge kann man nicht zweimal in denselben Fluß steigen, kann man nicht ein einziges Ding in der Welt wirklich kennen, da es sich ständig wandelt. Empedokles sah es so, daß alle Dinge zusammengesetzt sind aus Luft, Erde, Feuer und Wasser, wobei die Anteile von den Kräften der Liebe, die verbindet, und des Hasses, der trennt, bewegt und bestimmt werden. Die Vorformen der bekannten Organismen entstammten Feuern im Innern der Erde. Viele von ihnen verschwanden, weil sie unvollkommen waren, nur die Vollkommenen überlebten.

Mit Sokrates stellten sich die ionischen Naturphilosophen auf die Menschenwelt ein: Der Mensch ist das Maß. Sokrates' großer Schüler Plato vertrat die Auffassung, daß die Realität nur eine ›glaubhafte Geschichte‹ sei; für ihn waren die Dinge der beobachtbaren Welt Abbilder bzw. Schatten ihrer Urbilder, der ewigen und unwandelbaren Ideen. An die Stelle dieser Auffassung setzte Aristoteles einen neuen Naturalismus, der sowohl genaue Beobachtung als auch umfassendstes Wissen vereinte. Die »große Kette des Lebendigen«, wie Aristoteles sie dachte, führt von unbelebten Objekten über Pflanzen und Tiere bis hin zum Menschen. Der Höherentwicklung der Natur entspricht eine größere Reife der Seele. Durch Metamorphose wird das Anorganische zu Organischem, und auf dem Gebiet des Organischen sind Tiere mit Vernunftbegabung lebendiger als Pflanzen, die lediglich über die Fähigkeit zur Selbsterhaltung verfügen. Die Natur schreitet langsam und stetig vom Kleinsten zum Vollkommenen voran und wird im Laufe dieses Prozesses komplexer. Nichts, sagt Aristoteles, existiert ohne Grund, dieses Fortschreiten ist nicht zufällig; es wird vom Wunsch nach Vervollkommnung angetrieben.

Leukipp und Demokrit entwickelten die Theorie des

physikalischen Universums, die sich am nachhaltigsten auf die moderne Wissenschaft ausgewirkt hat. Ihre Theorie besagt, daß alle Dinge aus Atomen bestünden: unteilbare und unzerstörbare Bausteine der wirklichen Welt. Atome und alle Dinge, die aus Atomen bestehen, konstituieren das Sein. Aber da Atome sich verändern können und sich verändern, muß es ebenso ein Nicht-Sein geben: das Nichts. Wandel in der Welt ist deshalb möglich, weil Atome im Verlauf ihrer Existenz verschiedene Positionen einnehmen und auf diese Weise unterschiedliche Dinge bilden können. Mit dem Atomismus hatten die Demokritianer das erfaßt, was viele für die wahre Beschaffenheit der Welt hielten – einer Welt, die aus elementaren, unzerstörbaren Materieteilchen besteht, die in ihrem Zusammenspiel alles Vorhandene bilden. In dieser oder abgewandelter Form überdauerte die Theorie fast 2000 Jahre, bis sie im 19. Jahrhundert mit dem Vordringen der experimentellen Physik widerlegt wurde.

Experimentelle Wissenschaft nahm ihren Ausgang zu Beginn der Neuzeit, als Renaissance und Reformation den großen Einfluß verminderten, den christliche Dogmen auf das europäische Denken ausübten. Unabhängige Forschung begann außerhalb der Klostermauern, trotz päpstlicher Ablehnung und der Verfolgung Giordano Brunos und Galileis. Zögernd, aber anscheinend unbeirrt, begann die moderne Wissenschaft ihren Siegeszug, und es entwikkelte sich eine von Wissenschaft durchdrungene Zivilisation.

Aufgrund der verhältnismäßig primitiven Mittel und Instrumente konzentrierten sich frühe Experimente auf Problemstellungen, die mit allgemein anwendbaren Lehrsätzen zu lösen waren, wie beispielsweise den Bewegungsgesetzen. Diese hatte man mittels Messungen von Bahn und Geschwindigkeit fallender Körper bestimmt, ebenso wie mittels des Verhaltens von Bällen, die man über eine schiefe Ebene rollen ließ. In der Sicht der modernen Wissenschaft wurde die Welt zu einem riesigen Mechanismus, der trotz seiner Komplexität nach einfachen Grundsätzen funktionierte. Diese erstmals von Galilei formulierte Sicht stand in scharfem Gegensatz zur Welt der Menschen, die so sehr von Streben und Bewußtsein durchdrungen schien. Das Ergebnis war die scharfe Trennung der modernen Wissenschaft von humanitären und spirituellen Interessen. Am Beginn der Moderne spaltete das Wissen sich in Naturphilosophie, die modernen Naturwissenschaften, einerseits, und Moralphilosophie, die Geisteswissenschaften, andererseits.

Die Naturphilosophie erreichte mit Newtons großartiger Formulierung der Bewegungsgesetze ihren Höhepunkt. Newtons Absichten waren durchaus bescheiden, und er sah den mathematischen Formalismus seiner Physik lediglich als einen ersten Schritt auf dem Weg zu einer umfassenden Theorie, die im Ansatz mystisch und religiös war. Dennoch wurde die Newtonsche Physik ein allumfassendes bewußtseins- und handlungsbestimmendes Paradigma, das fast drei Jahrhunderte lang unangefochten blieb. Die Anziehungskraft seiner Theorie beruhte auf der Tatsache, daß einfache mathematische Formeln die genaue Vorhersage von Ergebnissen in zahlreichen Beobachtungsfällen ermöglichten. Zu den Erfolgen von Newtons klassischer Mechanik gehörte die exakte Vorhersage der Planetenpositionen und die Vorhersage von Geschoßbahnen sowie der Bewegungen eines einzelnen Massepunktes, den man für den letzten Baustein einer dem Wesen nach materiellen Wirklichkeit hielt.

Die klassischen Bewegungsgesetze bewiesen, daß Körper sich nach Regeln bewegen, die mathematisch beschreibbar sind. Eine Bewegung schien durch die Anfangsbedingungen, beispielsweise Beschleunigung und Abschußwinkel eines Geschosses, genauestens festgelegt. Unter festgelegten Anfangsbedingungen war die beobachtete Bewegung exakt vorhersagbar.

In der Newtonschen Physik war das Universum ein Uhrwerk, präzise, festgelegt und im Grundsatz erkennbar. Laplace drückte die Folgen dieser Erkenntnisse so aus: Wenn eine Intelligenz alle Kräfte der Natur kennte und den gegenwärtigen Zustand aller in ihr enthaltenen Dinge, wäre sie in der Lage, die Bewegungen der größten Körper im Universum und die der kleinsten Atome mit einer einzigen Formel zu umfassen; für sie wäre nichts unmöglich; Zukunft und Vergangenheit lägen offen vor ihr.

Die atomistische und deterministische Auffassung, die der klassischen Mechanik zugrunde lag, geriet im 20. Jahrhundert ins Wanken. Die ersten Probleme tauchten bereits zu Beginn des 19. Jahrhunderts auf, als der englische Chemiker John Dalton Demokrits Atomtheorie wiederentdeckte. Daltons Theorie, sämtliche Gase bestünden aus kleinen und unteilbaren Einheiten, eben den Atomen, bewirkte eine Revolution der Chemie. Ihr Sieg war jedoch nur von kurzer Dauer. Schon 50 Jahre, nachdem Dalton seine Theorie publiziert hatte, entdeckten Forscher, daß Atome nicht unteilbar sind, sondern aus noch kleineren Teilchen bestehen. Nicht einmal diese Teilchen konnten die tatsächlichen »Atome« sein, von denen die Griechen gesprochen hatten, denn wenn sie endliche Begrenzungen haben, sind sie im Prinzip weiter teilbar. Nach der Einführung entsprechender Versuchsanlagen erwiesen sich dann auch nicht nur die Atome, sondern selbst die Atomkerne als spaltbar.

Mit der Spaltung des Atoms im späten 19. Jahrhundert und der des Atomkerns am Anfang dieses Jahrhunderts war mehr als nur ein physikalischer Grundbegriff zerstört worden. Das ganze Gebäude der klassischen Naturwissenschaft war erschüttert. Die Experimente der modernen Physik hatten die Ansicht widerlegt, die gesamte Realität bestehe aus unteilbaren Atomen, aber die Physiker hatten kein vergleichbar kohärentes, aussagekräftiges Alternativmodell – schon der Begriff Materie wurde zum Problem. Die subatomaren Teilchen, die bei der Spaltung von Atomen und Kernen frei wurden, verhielten sich nicht wie normale Festkörper. Sie wiesen eine merkwürdige Verbindung miteinander auf, die man Nichtlokalität nennt, und eine Doppelnatur, denn sie zeigten Wellen- *und* Teilchen-Eigenschaften. In den zwanziger Jahren standen die Wissenschaftler einer Welt gegenüber, deren physikalische Beschaffenheit viel seltsamer war, als sie jemals angenommen hatten. Raum und Zeit waren nicht mehr der passive Hintergrund, vor dem Atome oder Massepunkte miteinander in Beziehung stehen, sondern wurden komplexe Gebilde, die mit Photonen und Elektronen interagieren und die in das Grundgefüge der physikalischen Phänomene eintreten. Philosophen und philosophisch interessierten Wissenschaftlern schien es, als dematerialisiere sich das physikalische Universum. Es wurde, mit Poppers Worten, eher zur Wolke als zum Felsen.

Angesichts der Rätsel der Natur sahen sich moderne Physiker, allen voran Niels Bohr, gezwungen, von der Hypothese Abschied zu nehmen, von ihnen Beobachtetes sei unabhängig vom Vorgang der Beobachtung. Sie betrachteten ihre Forschungsobjekte lediglich als »Phänomene«.

Der Bereich der Materie wurde immer geheimnisvoller.

Objektive Realität löste sich vor den Augen der verwunderten Quantenphysiker auf. Was sie feststellen konnten, waren »Phänomene«, aber Phänomene sind, wie Werner Heisenberg bemerkte, nicht die »Werke« der Natur, sondern nur die Ausdrucksweise der Wissenschaft. »Der Atomphysiker«, so Heisenberg, »hat sich damit abfinden müssen, daß seine Wissenschaft nur ein Glied ist in der endlosen Kette der Auseinandersetzungen des Menschen mit der Natur, *daß sie aber nicht einfach von der Natur ›an sich‹ sprechen kann.*« Bohr pflichtete dem bei: »Wir sind in der Sprache gefangen, Physik befaßt sich mit dem, was wir über die Natur aussagen können.« Die äußerliche Welt der Physik sei eine Schattenwelt geworden, meinte Eddington. »Nichts ist real«, schrieb er, »nicht einmal die eigene Frau. Der Materialist, dessen Überzeugung es ist, daß alle Erscheinungen sich aus Elektronen, Quanten und ähnlichen Dingen, deren Verhalten mathematisch beschrieben werden kann, zusammensetzen, müßte somit auch glauben, daß seine Frau eine sehr komplizierte Differentialgleichung sei.« (Eddington fügte hinzu, daß der Wissenschaftler wahrscheinlich taktvoll genug ist, diese Ansicht nicht auf sein häusliches Leben zu übertragen.)

Obwohl es als unwissenschaftlich gilt, über das Beobachtbare hinaus über das Wesen der Natur nachzudenken, haben einige Physiker dies getan. Sie mutmaßten, daß die Welt, auf die die Sprache und die Beschreibung der Wissenschaft sich beziehe, eher eine geistige als eine materielle ist. Um es »mit einem Schlagwort vorwegzunehmen«, sagte Eddington, »der Stoff der Welt ist Geist-Stoff«. Jeans pflichtete ihm bei. »Nimmt man die unterschiedlichen möglichen Beweisführungen zusammen, wird es immer wahrscheinlicher, daß Realität mit ›geistig‹ treffender beschrieben wird als mit ›materiell‹.« »... das Universum scheint einem großen Gedanken ähnlicher zu sein als einer großen Maschine.« Heisenberg sprach vom Irrtum der Philosophie des Demokrit. Die Welt, so Heisenberg, ist als mathematische Struktur aufgebaut; die Frage, worauf die Formeln sich außer auf sich selbst beziehen, ist sinnlos. Ähnlich wie Platon den Materialismus der ionischen Philosophen in eine abstrakte Formen- und Ideenwelt aufgelöst hatte, löste sich die deterministische Welt der klassischen Mechanik in den komplexen Formeln der modernen Mathematik auf.

Die Wissenschaftler konnten nicht nur keine elementaren Einheiten finden, die der Vielfalt manifester Phänomene zugrunde liegen sollten, sie konnten noch nicht einmal feststellen, ob solche Einheiten in der Natur überhaupt existieren. Ganz offensichtlich waren weder das Atom des Demokrit noch der Newtonsche Massepunkt der letzte Baustein der physikalischen Wirklichkeit.

Mitte der zwanziger Jahre dieses Jahrhunderts setzten die Rätsel, auf die die Physiker in ihren Laborversuchen gestoßen waren, die längste, berühmteste und intensivste Diskussion in der Geschichte der modernen Wissenschaften über das Wesen der physikalischen Realität in Gang. Zwischen 1927 und 1933 führten Albert Einstein und Niels Bohr Gespräche und eine Korrespondenz über die Interpretation der verwirrenden Beobachtungen. Einstein wollte die Unbestimmtheit, die dem Verhalten der Elementarteilchen eigen schien, nicht akzeptieren; er entwarf ein Gedankenexperiment nach dem anderen, um den Beweis zu führen, daß die Quantentheorie, wie sie damals vorlag, logisch nicht konsistent war. Bohr seinerseits wies jede Interpretation, die über den Bereich tatsächlicher Beobachtungen hinausging, zurück. Die Natur, behauptete er, hat nicht nur die absoluten Grenzen des Meßbaren und

Beobachtbaren festgelegt, sondern auch dessen, worüber man sprechen kann, ohne doppeldeutige Aussagen zu machen.

Einstein stimmte der Heisenbergschen Unschärferelation zu – Ort und Impuls eines Elementarteilchens können nicht gleichzeitig bestimmt werden –, aber er wollte nicht zugestehen, daß dies auch bedeutete, daß Elementarteilchen nicht jederzeit bestimmten Ort und Impuls hätten. Bohr widersprach; von einem Elementarteilchen mit bekannter Bahn zu sprechen, erschien ihm unsinnig: Diese Größe entsteht nur im Beobachtungsvorgang. Dies wiederum konnte Einstein nicht akzeptieren. »Wenn eine Maus das Weltall anschaut, ändert das den Zustand des Weltalls?« fragte er in John Wheelers Relativitätsseminar in Princeton. »Der Gedanke... ist mir unerträglich«, hatte Einstein schon früher an Max Born geschrieben. Sollte die herrschende Interpretation sich als richtig herausstellen, »dann möchte ich lieber Schuster oder gar Angestellter in einer Spielbank sein als Physiker«.

In der Schlußphase seines Dialogs mit Einstein stellte Bohr fest, daß er sich auf den Ausdruck »Phänomen« beschränken mußte. Wie Wheeler später besonders hervorhob, ist dieser Terminus von großer Bedeutung. Er legt nahe, daß wir es, wenn wir von Quanten sprechen, nicht mehr mit einer objektiven, beobachterunabhängigen Wirklichkeit zu tun haben. Eugene Wigner hat es treffend ausgedrückt: Quantenphysik beschäftigt sich mit »Beobachtungen«, nicht mit »Beobachtbarem« – ganz zu schweigen von den ›an sich‹ seienden physikalischen Wirklichkeiten, die John Bell als *»beables«* bezeichnet hat. Bohr behauptete, daß uns die Grundlage fehle, um über das Wesen von Teilchen sprechen zu können, und darüber, was sie zwischen den Beobachtungen ihrer Aussendung und ihrer Registrierung machen. In Wheelers anschaulichen Worten ist alles, was dazwischen liegt, ein »Drache im Rauch«. Das Ende des Drachenschwanzes ist genau zu sehen, auch sein Maul, das in den Detektor beißt, ist scharf, der übrige Körper dazwischen verschwindet jedoch »im Rauch«. »Das Quantenphänomen ist das merkwürdigste in dieser merkwürdigen Welt«, wie Wheeler es ausdrückte.

Obwohl die Physik die weiten Bereiche von Raum und Zeit durchdrungen hat und trotz ihres wachsenden Verständnisses der Dynamik dieses Universums, das sich selbst vorantreibt, ist es ihr nicht gelungen, auf die Frage »Was ist Materie?« eine eindeutige Antwort zu finden. Physikalische Realität an sich ist gegenwärtig noch, um mit Bernard d'Espagnat zu sprechen, verschleiert.

II. Wissenschaft und die Vision vom Leben

Der Ursprung des Lebens auf unserem Planeten

Aktuellen Schätzungen zufolge hat die biologische Evolution unseres Planeten vor über 3,6 Milliarden Jahren begonnen. In 3,4 Milliarden Jahren alten Fossilien wurden Spuren bereits fortgeschrittener chemischer Entwicklung gefunden. Wie nachgewiesen werden konnte, existieren primitive biologische Organismen seit mindestens 2,8 Milliarden Jahren, und in 2,3 Milliarden Jahre alten versteinerten prokaryontischen Zellen fand man Anzeichen für biochemische Reaktionen mit modernen Enzymstrukturen.

Die chemischen Bestandteile, die für die Entwicklung von Leben notwendig sind, waren auf der Erde schon vorhanden, bevor die biologische Evolution einsetzte. Die sechs Elemente, die ungefähr 98 Prozent des bekannten Universums ausmachen – Wasserstoff, Helium, Kohlenstoff, Stickstoff, Sauerstoff und Neon –, und die komplexeren Moleküle, die für die Entstehung der ersten teilungsfähigen Zellen notwendig waren, gab es bereits im anorganischen Universum. Sogar Aminosäuren und Nukleinsäuren wurden – und werden ständig – im Universum synthetisiert. Sie finden sich auch in Meteoriten.

Die Bedingungen auf der Erde waren für einen Zusammenschluß der komplexen molekularen Grundbausteine des Lebens denkbar günstig. Monomere wie Sucrose, Aminosäuren, Purin- und Pyrimidinbasen, und aus diesen zusammengesetzte Polymere, wie Proteine, Nukleinsäuren und andere Makromoleküle, sind alle unter dem beständigen Energiezufluß der Sonne synthetisiert worden.

Seit den Anfängen, wahrscheinlich in flachen, warmen Urseen, ist Leben durch solare Energie genährt worden. Die Pflanzen nutzen das Sonnenlicht zur Photosynthese, indem sie Wasser und Kohlendioxyd in Kohlenhydrate umwandeln, die Tiere ernähren sich von Pflanzen oder anderen Tieren, und die Menschen am Ende der Nahrungskette ernähren sich sowohl von Pflanzen als auch von Tieren.

Der Zufluß solarer Energie ist ein wesentlicher Antriebsfaktor der organischen Prozesse in der Biosphäre. Sollte das Energiegefälle zwischen der Sonne (ca. 6000 °C) und der Erdoberfläche (ca. 25 °C) verlorengehen, wären bald nicht nur Leben, sondern alle thermodynamischen Prozesse auf diesem Planeten unmöglich. Die in der Erdatmosphäre gespeicherte Wärme wäre innerhalb einiger Monate erschöpft, die Wärme der Ozeane in wenigen Wochen. Nur Würmer und Muscheln auf dem Grund tiefer Ozeane hätten noch eine nennenswerte Lebenszeit. Aber solange der Energiestrom der Sonne auf die Oberfläche unseres Planeten anhält – und man geht davon aus, daß dies noch einige Milliarden Jahre der Fall sein wird –, werden Organismen einen Teil der freien Energie der Sonne in Biomasse umwandeln. Sie werden nicht nur ihre Struktur erhalten, sondern auch andere, neue Strukturen hervorbringen, darunter fortschreitend komplexere und kompliziertere.

Die Evolution der Arten

Darwin hat in seiner Theorie das Auftreten neuer Arten in der Biosphäre – dieser Prozeß wird in der Evolutionsbiologie als Speziation bezeichnet – beschrieben. Die Theorie besagt, daß natürliche Auslese auf Zufallsmutationen basiert. Mutationen sind ›Tippfehler‹ im genetischen Code eines Nachkommen, die bei der Wiederholung des Eltern-Codes entstanden sind. Solche Fehler treten mehr oder weniger regelmäßig bei allen Arten auf. Mutanten entstehen durch zufällig veränderte Keimzellen (Fehlsteuerungen der DNS); die Mehrzahl von ihnen weist in irgendeiner Hinsicht Defekte auf und stirbt durch natürliche Selektion aus. Es kommt jedoch auch vor, daß eine zufällige Mutation eine genetische Kombination zur Folge hat, die der Nachkommenschaft eine größere Lebens- und Reproduktionsfähigkeit als der Elterngeneration verleiht. Ein solches Individuum gibt seine mutierten Gene an nachfolgende Generationen weiter, und die vergleichsweise große Nachkommenschaft dieser Generationen wird schließlich die vorher dominante Art verdrängen. Möglichen genetischen Variationen wird nur durch die Überlebensfähigkeit der Mutanten im Vergleich mit ihren Artgenossen im jeweiligen Lebensraum eine Grenze gesetzt.

Diese Darstellung wird heutzutage mehr und mehr angezweifelt. Viele Forscher beschäftigt die Frage, wie eine im Grunde zufällige Auswahl bei einer Unzahl von Möglichkeiten die komplexen Gebilde und Wesen, die wir heute kennen, innerhalb der uns bekannten Zeiträume hervorbringen konnte. Wie konnten zufällige Prozesse eine evolutionäre Abfolge aufbauen, deren Bausteine, wie Proteine oder Gene, sogar komplexer sind als das komplexeste System, das Menschen jemals geschaffen haben? Postdarwinistische Biologen behaupten, daß Zufallsmutationen, die sich aufgrund natürlicher Auslese durchsetzen, zwar Variationen *innerhalb* einer Art erklären könnten, nicht aber die aufeinanderfolgenden Variationen, die zu *verschiedenen* Arten führen.

Darwins Theorie kann keine hinlängliche Beschreibung des zeitlichen Verlaufs und der Art und Weise der Evolution geben. Heutige Paläobiologen bestreiten die Vorstellung von einer allmählichen und stufenweisen natürlichen Auslese, die sich über Einzelwesen vollzieht. Sie halten die Theorie der ›Stammesgeschichte in kleinen Schritten‹ für unzutreffend und weisen darauf hin, daß Darwin eher aufgrund einer konservativen Grundeinstellung für den Inkrementalismus eintrat, und weniger auf der Grundlage wissenschaftlicher Beweise. Darwin hielt es mit Linnaeus' »natura non facit saltum«. Plötzliche Sprünge in der Natur kommen gesellschaftlichen Revolutionen gleich, und der vorherrschenden Geisteshaltung zu Darwins Zeiten sagte die Vorstellung einer schrittweisen Anpassung am meisten zu; sie verabscheute totale Umwälzungen. Die Beschäftigung mit Darwins Biographie zeigt, daß er sich dem Einfluß dieser Geisteshaltung kaum entziehen konnte. Allerdings sah und sieht es tatsächlich so aus, daß die Natur, unbeeindruckt von der Disposition des Engländers des 19. Jahrhunderts, ihre Entwicklung in plötzlichen Sprüngen und tiefgreifenden Wandlungen fortsetzt. 1972, fast 120 Jahre nach der Veröffentlichung von »Die Entstehung der Arten«, veröffentlichten Stephen Jay Gould und Niles Eldredge eine vielbeachtete Studie, die den Evolutionssprung in die neodarwinistische Biologie einführte.

In Goulds und Eldredges Theorie des durchbrochenen Gleichgewichts – Gleichgewicht bedeutet hier die wechselseitige Balance zwischen den Arten und ihrer Umgebung – sind ganze Spezies, und nicht nur einzelne Reproduzenten und Überlebende, von Evolutionsprozessen betroffen. Evolution tritt auf, wenn die dominante Population innerhalb eines ›Zweiges‹ (d.h. eine Gruppe von Arten, die ähnliches Anpassungsverhalten aufweisen) in ihrem Milieu geschwächt wird und andere Arten oder Unterarten, die zufällig an der Peripherie entstanden sind, den dominanten Zyklus durchbrechen. An diesem Punkt wird der Gleichgewichtszustand eines Zeitabschnitts gebrochen, und ein evolutionärer Sprung von der vom Aussterben bedrohten, früher dominanten Spezies zur Rand- oder Unterspezies findet statt. Es ist ein relativ schnell verlaufender Prozeß, diese Artbildung unterbricht lange Phasen, in denen vorhandene Arten im Grunde unverändert fortbestanden haben.

Solange eine Art existiert, scheint sie relativ unverändert zu bleiben. Der Pool genetischer Information wird im wesentlichen unverändert an die Nachfolgegenerationen weitergereicht. Fossilienfunde geben Aufschluß darüber, daß die Arten sich keineswegs kontinuierlich und in kleinen Schritten entwickelt haben. Bestehende Arten haben sich über Jahrmillionen hinweg nicht signifikant verändert. Neue Arten tauchten in relativ kurzer Zeit auf – in Zeiträumen von 5000 bis 50000 Jahren. Die gegenwärtige Evolutionstheorie registriert beides, lange Perioden ohne Veränderungen und kurze Perioden plötzlicher, im Detail unvorhersagbarer Umwandlungen. Der Darwinsche Anpassungsmechanismus funktioniert nur in den Perioden der Stabilität, in denen sich die Arten ihrer Umgebung anpassen. Wird der Anpassungsprozeß unterbrochen, möglicherweise durch eine Umweltveränderung, hört er ganz auf, und der Umwandlungsprozeß tritt an seine Stelle.

In der sprunghaften Entwicklung organischer Arten haben jene, die unter den vielfältigsten Umweltbedingungen – unterschiedliche klimatische und topologische Verhältnisse, verschiedene natürliche Feinde – überleben können, bessere Überlebenschancen als jene, die sich völlig in besondere Umweltnischen eingepaßt haben. Spezialisierte Arten sind zur Mutation und zum Aussterben verurteilt unter Bedingungen, unter denen wenig spezialisierte Arten überleben, weil sie sich anpassen können. Infolgedessen zeigt das Artenentwicklungsdiagramm nicht mehr die aufeinanderfolgenden ypsilonförmigen Äste der klassischen Entwicklungstheorie. Jetzt zeigt es abrupte Verzweigungen, an denen aussterbende dominante Spezies von Spezies, die bis dahin Randerscheinungen waren, abgelöst werden, und es zeigt kurze Lebensspannen für spezialisierte und relativ lange Spannen für nicht spezialisierte Arten.*

Ganze Artenfamilien – die sogenannten Genera – traten in regelrechten Entstehungsschüben, die einzelne Evolutionsepochen abstecken, auf den Plan. So hat beispielsweise der Schub im Kambrium die meisten der Wirbeltiere innerhalb der relativ kurzen Zeitspanne von einigen Millionen Jahren hervorgebracht. Neuesten Annahmen zufolge wurde der Schub ausgelöst, als die dominante Algengemeinschaft – die aus Prokaryonten bestand – durch das Auftauchen einzelliger Eukaryonten, die sich von dieser Algengemeinschaft ernährten, aus dem Gleichgewicht gebracht wurde. Indem sie die Algen auffraßen, beendeten sie eine Epoche des Stillstands, die Milliarden Jahre ge-

* So scheint beispielsweise die nicht spezialisierte Gazellen-Gattung Aepyceros – zu der die lebende Art der Schwarzfersenantilope (Impala) gehört – die letzten sechs Millionen Jahre mit lediglich einer oder zwei neuen Artbildungen überlebt zu haben. Die spezialisiertere Gattung Alcelaphus – zu der Kuhantilopen und Weißschwanzgnus gehören – hat im selben Zeitraum ganze 27 Speziationen erfahren. Veränderte Beziehungen zwischen System und Umwelt verdrängten die spezialisierten Populationen immer wieder aus ihren begrenzten Umweltnischen und ersetzten sie durch andere, besser an die neuen Strukturen angepaßte.

währt hatte. Die Algen wurden destabilisiert, und es entstanden Nischen für zusätzliche Arten, die dann von Unterarten, die an der Peripherie entstanden waren, besetzt wurden. Eine Vielzahl von Prokaryonten erschien und ermöglichte damit die Entstehung spezialisierterer Eukaryonten, die als deren ›Räuber‹ fungierten. Mit Ausnahme einfacher Viren und Bakterien stammen alle lebenden Arten auf der Erde von jenen eukaryontischen Zellen ab, die in einem der ersten der vielen Evolutionssprünge, die die Geschichte des Lebens auf unserem Planeten markieren, das Gleichgewicht der Prokaryonten durchbrachen.

Was ist Leben?

Die Auffassung von Leben, die dem heutigen Verständnis der Biologie zugrunde liegt, ist im Laufe der letzten zwei Jahrhunderte entstanden. Vor dieser Zeit mußte das Phänomen Leben Prinzipien oder Ursachen zugeschrieben werden, die sich von denen des physikalischen Universums unterschieden; dieses war mechanistisch und unterlag Gesetzen, mit denen man das Leben nicht ohne weiteres erklären konnte. Die ›Bewegungen‹ lebender Organismen schienen für die klassische Mechanik zu komplex. Newtons Physik war auf dem Konzept von Massepunkten, die sich in Raum und Zeit bewegten, aufgebaut. Der Raum war euklidisch: dreidimensional und eben, d. h. nicht gekrümmt; die Zeit war passiv. Newton schrieb: »Die absolute, wahre mathematische Zeit fließt gleichmäßig an sich und ihrer Natur nach, ohne Beziehung auf irgend etwas Äußerliches.« Da aber von jedem vorwärts gerichteten Ablauf angenommen wurde, daß er auch rückwärts ablaufen könne, war die Zeit reversibel, umkehrbar.

Die Frage nach der Umkehrbarkeit der Zeit riß eine Kluft in die wissenschaftliche Vorstellung von Wirklichkeit. Als Darwin »Die Entstehung der Arten« publizierte, geriet das mechanistische Universum Newtons mit der sich entwickelnden Welt des Lebens in offensichtlichen Widerspruch. Das physikalische Universum war ein zeit-reversibler Mechanismus, der sich mit einer kleinen Anzahl physikalischer Gesetze beschreiben ließ; das Leben in der Welt jedoch entwickelte sich anscheinend irreversibel. Physiker wie Ludwig Boltzmann und Philosophen wie Henri Bergson entwarfen eine Reihe von Theorien, um die Kluft zu überbrücken, aber die Wissenschaft blieb zutiefst gespalten durch den Gegensatz zwischen der devolutionären Welt der Physik und der evolutionären Welt der Biologie.

Im 19. Jahrhundert allerdings entstand eine Teildisziplin der Physik, die, anders als die klassische Mechanik, das Problem der Irreversibilität der Zeit bewältigen konnte: die klassische Thermodynamik. Ihr bekannter Zweiter Hauptsatz besagt, daß Vorgänge in einem abgeschlossenen System stets in Richtung auf einen zunehmend ungeordneten Gleichgewichtszustand ablaufen. Bedauerlicherweise widersprachen sich die nur in eine Richtung zielenden Prozesse der Thermodynamik und die Prozesse der Darwinschen Biologie. Der »Zeitpfeil« der Thermodynamik wies nach unten, in Richtung immer ungeordneterer Zustände; in der Biologie wies er nach oben, in Richtung immer höherer Ordnungs- und Organisationsstufen. Die Wissenschaft befand sich in einer schwierigen Situation. Sie hatte zwei Zeitpfeile und eine physikalische Basistheorie, die keinen der beiden erklärte.

Erst in der zweiten Hälfte des 20. Jahrhunderts konnte das Rätsel mit Hilfe der neuen physikalischen Disziplin der Ungleichgewichts-Thermodynamik gelöst werden. Sie bewies, daß es sich bei lebenden Organismen nicht um abgeschlossene Systeme handelt, die unweigerlich zugrunde gehen müßten. Sie sind vielmehr offene Systeme, die sich in Zuständen erhalten, die weit vom thermodynamischen (thermischen und chemischen) Gleichgewicht entfernt sind. Systeme, die für Energiezufuhr aus der Umgebung offen sind, können die Energie, die sie bei der Arbeit unvermeidlich umsetzen, erneuern; folglich wird ihre Zukunft nicht vom Zweiten Hauptsatz bestimmt, auch wenn sie von ihm nicht ausgenommen werden.*

Die Ungleichgewichts-Thermodynamik, zusammen mit neo- oder postdarwinistischen Theorien der Evolutionsbiologie, lieferte neue Einsichten in die Beschaffenheit des Lebens und die Dynamik seiner Evolution. Leben ist ein offenes System, das nach Erwin Schrödingers Worten »von negativer Entropie (»Negentropie«) gespeist« wird. Es existiert in Zuständen, die vom Gleichgewicht weit entfernt sind, in denen Transformationsprozesse plötzlich und nichtlinear stattfinden. Wird ein offenes System in seiner Umgebung destabilisiert, tritt es in einen quasi-chaotischen Prozeß ein, die »Bifurkation«. Während dieses Prozesses werden die strukturellen Kräfte und Begrenzungen, die das System bestimmten, anders konfiguriert; das Er-

* Die mathematischen Formeln des Zweiten Hauptsatzes geben an, daß Entropie – das Maß für die Unordnung und Umwandlung der Energie in niederwertigere Energie – nur in einem abgeschlossenen System zunehmen kann: $dS/dt \geqq 0$. In einem offenen System jedoch kann die unbrauchbar gewordene Energie durch Energie, die aus der Umgebung zugeführt wird, ersetzt werden. Folglich wird – wie Ilya Prigogine gezeigt hat – eine Änderung der Entropie in einem offenen System bestimmt von den relativen Entropiewerten der irreversiblen Prozesse innerhalb des Systems (d_iS) und von der Entropie, die von außen in das System gelangt (d_eS): $dS = d_iS + d_eS$. Da d;S immer positiv und d_eS auch negativ sein kann, kann dS in einem offenen System positiv, negativ oder gleich Null sein.

gebnis ist die Entstehung eines völlig neuen Systems. Bifurkationen treten in regelmäßigen Abständen auf, da sich entwickelnde Systeme interagieren und ihre jeweilige biologische und physikalische Umgebung ändern. Demnach entwickelt sich Leben als komplexes selbstorganisierendes System, das aus miteinander verknüpften, sich gleichzeitig entwickelnden Subsystemen besteht.

Dieser Prozeß beinhaltet immer noch ein zufälliges Element, aber er ist nun in ein System integriert, das durch erkennbare Muster und Regelmäßigkeiten charakterisiert wird. Obwohl die speziellen Eigenschaften einer neu entstehenden Spezies nicht vorhergesagt werden können, läßt sich der weitere Verlauf der biologischen Evolution statistisch gesehen im großen und ganzen vorhersagen. An den Fossilienfunden läßt sich ablesen, daß die Biosphäre während der letzten vier Milliarden Jahre mit organischen Arten bevölkert wurde, die sich stufenweise – wenn auch nicht kontinuierlich und linear – von mikroskopischer Dimension und relativ einfachem Aufbau zu größerer Dimension und höherer Komplexität ihrer Struktur entwickelten. Die prokaryontischen Zellen, Bakterien und andere Protobionten, die den höheren Lebensformen vorangingen, nahmen andere Gestalt an und wurden Teile eines riesigen selbstregulierenden und evolvierenden Systems, das jetzt sieben Ozeane und sechs Kontinente umspannt. Im Verlauf dieses Prozesses hat die Biosphäre selbst organische Charakteristika angenommen, so die Fähigkeiten zu einer Selbstregulierung, die den homöostatischen Prozessen höherer Organismen ähnelt. Einige Biologen, wie zum Beispiel James Lovelock, glauben beweisen zu können, daß Gaia, das alles umfassende System, das sich auf der Oberfläche unseres Planeten entwickelt, ein eigenständig lebender Organismus ist.

III. Wissenschaft und die Vorstellung vom Geist

Der Ursprung geistiger Fähigkeiten in der Geschichte der Arten

Die geistigen Fähigkeiten des Menschen sind das Ergebnis einer langen evolutionären Entwicklung. Auch wenn die Theorien der menschlichen Evolution nicht in allen Punkten unstrittig sind, ist allgemein anerkannt, daß unsere hominiden Vorfahren vor vier bis acht Millionen Jahren von den höherentwickelten Affen abzweigten. Damit nahm die hominide Evolution ihren Anfang. In dem relativ kurzen Zeitraum von einigen Millionen Jahren entstand eine aufrecht auf zwei Füßen laufende Art, die die Baumaffen hinter sich ließ. Die Unterschiede sind deutlich: Affen sind Vierfüßer, die auf den Knöcheln laufen, *Homo sapiens* ist biped, ein aufrechter Zweifüßer. Affen haben große Kiefer und eine kleine Gehirnmasse (zwischen 300 und 600 cm^3); der Mensch hat einen kleinen Kiefer und ein viermal größeres Gehirn, zwischen 1400 und 1600 cm^3.

Der *Homo sapiens* ist wahrscheinlich durch eine Abfolge sprunghafter Speziationen innerhalb der Hominiden entstanden. Anhand der gefundenen Fossilien läßt sich keine direkte Linie wie etwa *africanus* – *robustus* – *boisei* – *sapiens* nachweisen. Eventuell sind mehrere Linien zur fast selben Zeit entstanden, womöglich innerhalb der bemerkenswert kurzen Zeitspanne von einer halben Million Jahre. Möglicherweise konnte *afarensis*, der gemeinsame Vorfahre des *africanus*, des *boisei* und des *habilis* (aus dem sich später der *sapiens* entwickelt haben könnte), in seiner Umgebung nicht mehr überleben und wurde durch lebensfähigere Mutanten ersetzt. In jedem Fall ist der *Homo erectus* aufgetreten und lebte über eineinhalb Millionen Jahre ohne wesentliche physiologische Veränderungen.

Obwohl unsere Abstammung das Ergebnis einer langen Kette von Mutationen und Speziationen darstellt, sind unsere direkten Vorfahren erst vor nicht allzu langer Zeit aufgetreten. Vom *Homo sapiens* weiß man, daß es ihn in Afrika über 100000 Jahre lang gegeben hat, in Europa wurde er allerdings erst vor 40- oder 50000 Jahren dominant. Die Neandertaler und andere konkurrierende Spezies verschwanden innerhalb weniger tausend Jahre, und der *Homo sapiens* wurde der einzige Hominid auf dem Planeten. Wie es dazu kam, ist nicht vollständig bekannt; offensichtlich ist nur, daß die Entwicklung einer speziellen Intelligenzform der Schlüsselfaktor gewesen sein muß.

Der Mensch ist nicht die einzige intelligente Art; auch Tiere haben Intelligenzformen entwickelt und würden sie weiterentwickelt haben, hätten die Notwendigkeit und die Möglichkeit dazu bestanden. Wale und Delphine sind intelligent, aber ihr Lebensraum im Wasser ist stabiler und weniger feindselig als der Lebensraum auf dem Land. Folglich bestand für Wasser-Säugetiere keine Notwendigkeit, ihre Intelligenz in der Weise zu entwickeln, wie es die Land-Säugetiere getan haben. Letztere benötigten eine Intelligenz, die es ihnen ermöglichte, ihre nächste Umgebung zu verändern; schließlich sind auf dem Land die ständige Verfügbarkeit von Wasser, die fortlaufende Beschaffung freier Energie und das Aufrechterhalten einer konstanten Temperatur unabdingbar, um die Gesamtheit der komplexen biochemischen Reaktionen sicherzustellen.

Als die frühen Hominiden von den Bäumen kletterten – die Gründe sind nicht vollständig bekannt –, befanden sie sich plötzlich in einer gefährlichen Lage. Die Savannen waren längst mit fleischfressenden Tieren bevölkert, von denen die meisten stärker und schneller waren als sie. Den Schutz der Bäume gab es nicht mehr, statt dessen hatten sie einen einzigen Ersatz: ihre jetzt frei nutzbaren vorderen Gliedmaßen. Diese wurden nicht mehr zum Klettern benötigt und konnten zu anderem gebraucht werden. Sehr wahrscheinlich wurden die sich entwickelnden Arme zur Selbstverteidigung mit Steinen und Stöcken eingesetzt und zum Tragen der Nachkommen, wenn Hominidengruppen zusammen mit Tierherden über die entstehende Steppe Afrikas zogen. Die Hominiden lernten, daß sie ihr Überleben durch ein hohes Maß an Körperbeherrschung, empfindliches Tastgefühl und den geschickten Einsatz ihrer Hände sichern konnten.

Als die oberen Extremitäten sich zu wendigen Armen und Händen ausgebildet hatten, wurden die ausgeprägten Kiefer zur Verteidigung nicht mehr gebraucht. Für große ›Reißzähne‹ und riesige Kiefer, die ihnen Platz boten, bestand kein Selektionsdruck. Notwendig war vielmehr die Entwicklung eines größeren Gehirns, das zur Intelligenz fähig ist. Mit der Zeit entstand eine aufrecht laufende zweifüßige Art mit großer Gehirnmasse, kleinem Kiefer und langem, opponierbarem Daumen – den bis heute typischen Merkmalen des Menschen.

Mit der Entwicklung eines großen Gehirns wurde die Entwicklung anderer Fähigkeiten ermöglicht. Zu den nützlichen Fähigkeiten an Land lebender Zweifüßer gehörte die Zusammenarbeit bei den schwierigen Überlebensaufgaben. Als diejenigen unter ihnen, die ein überlegenes Talent zur Kommunikation hatten, sich verbreiteten, wurde die von den Affen ererbte Gebärdensprache in allgemeine Symbolsysteme der menschlichen Sprache übergeführt. Durch die Sprache war das Sozialverhalten aus jder Festgelegtheit der genetischen Programmierung befreit und konnte sich wechselnden Bedingungen anpassen. Im entstehenden Neokortex der Menschen folgte die Befähigung zur Sprache und zur Sozialisation der manuellen Geschicklichkeit und dem Werkzeuggebrauch.

Die Resultate manueller und geistiger Fähigkeiten wurden vor eineinhalb Millionen Jahren sichtbar. Bei Chesowanja in Kenia haben Archäologen im Umkreis hominider Knochen und von Menschen hergestelltem Werkzeug gebrannten Ton gefunden. Der Ton weist aus, daß er höheren Temperaturen ausgesetzt gewesen ist, als sie normalerweise in einem Buschfeuer auftreten.

Feuer machen zu können bedeutete für die verstreuten hominiden Gruppen einen entscheidenden Vorteil im Überlebenskampf. Feuer macht Angst: Flammen und Funken verbrennen Gefieder, Pelz und Haut, wenn sie damit in Berührung kommen. Weil Tiere instinktiv die Flucht ergreifen, konnten Menschen, die das Feuer beherrschten, es zu ihrer eigenen Verteidigung benutzen. Auch für die Sicherstellung der Nahrungszufuhr war das Feuer wichtig. Rohes Fleisch verdirbt sehr schnell, gebraten bleibt es schmackhaft und eßbar. Da sie ihre Nahrung im Feuer brieten, mußten Menschen nicht mehr ›von der Hand in den Mund‹ leben. Magere Zeiten, wie Schlechtwetterperioden und die Zeiträume zwischen den Jagden, wurden mit Hilfe von Nahrungsvorräten, die allen gehörten, überbrückt.

Mit der Macht über das Feuer hatten die Sapienten einen sicheren Weg zur Vorherrschaft gefunden. Sie mußten ihren Überlebenskampf nicht mehr in ständiger Angst vor mächtigeren Arten führen. Sie konnten Gebiete für sich abstecken, sie verteidigen und Nahrungsvorräte anlegen. Feuer wurden an entlegenen Orten über große Zeiträume gehütet. Es gibt Hinweise auf von Menschen entfachte Feuer an so verschiedenen Orten wie Zhoukodien bei Peking, Aragon im Süden Frankreichs und Vértesszöllös in Ungarn. Die Höhle in Zhoukodien beherbergte ein Feuer, das mit Unterbrechungen über 230000 Jahre lang in Gang gehalten wurde. Erst als das Höhlendach einstürzte, wurde es aufgegeben.

Mit der Zeit wurden die Flußtäler besiedelt, so am Nil, Tigris, Euphrat, Ganges und am Huang-Ho. Der Schlick an den Flußufern bewirkte eine natürliche Düngung, und periodisch über die Ufer tretendes Wasser fungierte als natürliche Bewässerung. Dann, vor ungefähr acht- bis zehntausend Jahren, lernten Völker in der Levante, bestimmte Tiere zu domestizieren und einige Pflanzen für ihren Gebrauch zu kultivieren. Sie konnten allmählich ihr direktes Umfeld manipulieren und waren nicht länger darauf angewiesen, ihren Nahrungsquellen nachzuwandern. Die nomadischen Gruppen wurden zu seßhaften Hirten.

Was ist Geist?

Die Sinneswahrnehmung half allen Hominiden, sich in ihrer Umgebung zurechtzufinden, aber der Überlebensvorteil in der Konkurrenz mit anderen Arten wurde von den komplexen informationsverarbeitenden Fähigkeiten sichergestellt, die sich nur beim *Homo sapiens* entwickelten. Diese ermöglichten die soziale Verständigung und Kommunikation – die ursprünglichen Funktionen des menschlichen Bewußtseins einschließlich seiner höheren »geistigen« Fähigkeiten.

Das Phänomen des Geistes ist erstaunlich. Der lebhafte, unmittelbar empfangene Erfahrungsstrom, der auf uns alle ein Leben lang einwirkt, ist immerwährender Gegenstand poetischer Bewunderung, philosophischer Diskussionen und wissenschaftlicher Analysen. Das Bemerkenswerte daran ist, daß ein solcher Bewußtseinsstrom verbunden ist mit einem Gehirn, das aus grauer Materie, und einem Körper, der aus Gewebe, Organen und Knochen besteht. Diese Bausteine des Körpers bestehen aus Zellen, die ihrerseits von Molekülen und Atomen gebildet werden. Die Moleküle und Atome des Körpers jedoch zeigen keinerlei Anzeichen von Bewußtheit und unterscheiden sich in keiner Hinsicht von anderen Molekülen und Atomen im Universum. Dennoch scheint es, als ›durchdringe‹ das Bewußtsein in irgendeiner Weise diejenigen Atome und Moleküle, die die physiologische graue Materie des Gehirns bilden. Können die Neuronen in unserem Gehirn Bewußtsein *erzeugen*? Oder ist Bewußtsein und geistiges Erleben ein Anzeichen für die Existenz von etwas gänzlich anderem – einem Geist oder einer Seele, die nicht das Gehirn selbst ist, sondern etwas, das lediglich mit ihm verbunden ist?

Eine von Wissenschaftlern häufig vertretene Ansicht besagt, der Geist sei mit dem Gehirn identisch: das Phänomen des Bewußtseins werde auf irgendeine Weise durch die komplexen Interaktionen von Myriaden hochorganisierter Gehirnzellen erzeugt. Wenn dem so ist, stellt sich die Frage, wie es möglich ist, daß physiologische graue Materie so organisiert sein kann, daß sie tatsächlich Bewußtsein hervorbringt. Wenn Geist und Bewußtsein das Produkt einer speziellen Ausprägung neuronaler Organisation sind, könnten dann nicht andere Systeme, die nicht aus Neuronen, sondern beispielsweise aus elektronischen Schaltern bestehen, ebenfalls Bewußtsein hervorbringen? In diesem Fall würden Computer, die eine Funktion des menschlichen Geistes nachahmen, ein eigenes Bewußtsein besitzen. Es wäre völlig unerheblich, ob die kleinsten Einheiten eines solchen speziell organisierten Systems Neuronen oder elektronische Schalter wären – da sie beide im binären Modus arbeiten (nämlich entweder ›an‹ oder ›aus‹; ›feuernd‹ oder ›nicht feuernd‹) –, wäre die Art und Weise der Informationsverarbeitung in jedem Fall prinzipiell dieselbe.

Die dieser These entgegengesetzte Ansicht, daß das menschliche Bewußtsein über einen nicht-reduzierbaren Teil verfüge, der den Geist vom Gehirn unterscheidet, wurde von vielen Philosophen, den meisten Humanisten und einigen wenigen Naturwissenschaftlern vertreten. Dennoch können die Naturwissenschaftler, in ihrer Eigenschaft als Naturwissenschaftler, eine solche Hypothese nicht bestätigen – zumindest bis jetzt noch nicht. Die empirische Wissenschaftsmethode könnte die Existenz eines nicht-materiellen Geistes (oder einer Seele) nur bestätigen, wenn dieser beobachtbare Auswirkungen auf die materielle Welt hätte, in diesem Fall auf das Gehirn. Diese Auswirkungen müßten so beschaffen sein, daß das Gehirn selbst sie nicht produziert haben könnte. Leider können die Wissenschaftler nicht sicher sein, daß irgendein im Gehirn beobachteter Effekt von etwas anderem als dem Gehirn selbst produziert worden ist. Gewißheit könnte erst erreicht werden, wenn ihnen alle – oder fast alle – Funktionsweisen des Gehirns bekannt wären. Und das ist gegenwärtig nicht der Fall.

Obwohl die Frage nach der eigentlichen Beschaffenheit von Geist und Bewußtsein nicht mit Gewißheit beantwortet werden kann, können wir mit der Annahme arbeiten, Gehirn und Geist seien entweder identisch oder zumindest eng verbunden. Die Frage »Was ist Geist?« bezieht sich demnach entweder auf bestimmte Funktionen des Gehirns, die der Geist *sind* oder die notwendige Grundlage für ihn bilden.

Zu den verhältnismäßig gut erforschten Funktionen des menschlichen Gehirns gehören bestimmte Teilbereiche der Wahrnehmung, die Steuerung der Bewegungsabläufe und die Organregulierung. Jene Bereiche des Gehirns, die diese Funktionen ausführen, können immer detaillierter beschrieben werden; langsam entsteht eine Art operative ›Landkarte‹ des Gehirns. Es stellt sich heraus, daß jene Funktionen, die den Menschen von anderen Lebewesen unterscheiden, sich im sogenannten Neokortex konzentrieren, in den vorderen Gehirnregionen, die sich beim *Homo sapiens* zuletzt entwickelten. Die Funktionen, von denen hier die Rede ist, sind weit mehr als die unmittelbare Sinneswahrnehmung – die Empfindlichkeit von Auge, Ohr, Nase, Gaumen und Haut gegenüber äußeren Stimuli. Die entscheidenden Funktionen des Neokortex umfassen auch die Analyse und Bewahrung dessen, was wahrgenommen wird, also das Erkennen und Wiedererkennen.

Die neurologischen Mechanismen, die für die Analyse der Sinneswahrnehmung verantwortlich sind, sind von enormer Komplexität. Die Analyse umfaßt eine Interaktion zwischen den von den Sinnesorganen gelieferten Informationen und den Informationen, die das Gehirn selbst erzeugt. Tatsächlich gibt es im Gehirn mehr bereits vorgeformte Informationen als jene, die es von außen erreichen. Beim Sehvorgang beispielsweise erreichen Nervenimpulse vom Auge einen Teil des Thalamus, den man auch als lateralen Kern bezeichnet. Hier befinden sich für jede vom Auge eintreffende Nervenfaser mehr als achtzig aus verschiedenen Gehirnbereichen eintreffende Nervenbahnen.

Auch die Hirnrindenanteile, die visuelle Information verarbeiten, enthalten mehr als hundertmal so viele Neuronen wie die mit dem lateralen Thalamuskern verbundenen Hirnbereiche. Die kortikalen Bezirke sind direkt mit dem limbischen System vernetzt und verfügen über zusätzliche Verbindungen zu motorischen Bezirken, die für die Augenbewegung und Fokussierung zuständig sind. Das Gehirn leistet also mehr, als nur passiv Informationen von Augen, Ohren und anderen äußeren Sinnesorganen aufzunehmen; es verknüpft die eingehenden Signale mit anderen Signalen, die bereits im Gehirn kreisen, und stellt die Rezeptoren dem Ergebnis dieser Integration entsprechend ein.

Selbst das Ohr erwies sich als ein hochentwickeltes Organ zur Analyse minimal unterschiedlicher akustischer Signale. Das Innenohr kann mechanische Schwingungen, deren Amplitude kleiner als der Durchmesser eines Wasserstoffatoms ist, zu Ja/Nein-Reaktionen verstärken, so daß die unglaublich geringe Schwingungsamplitude von 10 Nanometer bereits eine Empfindung auslöst. Die Basilarmembrane ist kein passives Schwingungssystem, wie ein von Schallsignalen gesteuertes Mikrophon es ist; sie verfügt über zusätzliche Mechanismen, die kleinste Erregungsmuster so weit verstärken, daß sie voneinander unterschieden werden können. Nur bei hohen Signalstärken arbeitet das Ohr in einem passiven Resonanzmodus; bei niedrigen Signalniveaus rastet es auf das Empfangssignal ein und erzeugt eine synchrone Eigenschwingung. Akustische Wahrnehmung in feineren Bereichen umfaßt eine Interaktion zwischen Signalen, die das Ohr von außen erreichen, und Signalen, die das Ohr selbst erzeugt. Hören ist das Ergebnis der Analyse der Phasenkohärenz zwischen den äußeren und inneren Schwingungen.

Obwohl das Auge keine eigenen Lichtwellen zur Wechselwirkung mit den auf die Netzhaut fallenden Strahlen erzeugt, ist es ebenfalls ein aktives Interpretationssystem. Die auf die Netzhaut auftreffende Strahlungsenergie stellt noch keine fertigen Bilder dar. Das sogenannte optische Spektrum ist, ähnlich den Radiowellen im elektromagnetischen Spektrum, breit gefächert. Man benötigt ein hochentwickeltes Instrument, um dieses Spektrum zu einem kohärenten Muster zu integrieren. Die Sehzentren des Gehirns funktionieren wie moderne elektronische Empfangsgeräte, indem sie das breitgestreute Lichtspektrum auf der Netzhaut zuerst decodieren und dann erneut codieren. Die Wahrnehmung der uns umgebenden Welt ist nur ein kleiner Teil der geistigen Fähigkeiten des Menschen. Ein weiterer, wichtiger Teil ist das *Wieder*-Erkennen dessen, was wir wahrgenommen haben. Dazu ist es zuallererst erforderlich, daß wir Wahrnehmungen im Gedächtnis speichern.

Wenn der menschliche Geist Eindrücke über eine längere Zeit bewahren kann, muß es im Gehirn eine Art Bahn oder ›Gravur‹, ein Engramm geben, das von Wahrnehmungen beeinflußt wird und das die Neuronenverbindungen verändert. Nach John Eccles müssen wir annehmen, »daß Langzeiterinnerungen irgendwie in den neuronalen Verknüpfungen des Gehirns codiert sind. Wir kommen so zu der Vermutung, daß die strukturelle Basis des Gedächtnisses in den dauernden Modifikationen von Synapsen liegt, die funktionelle Verbindungen zwischen Nervenzellen sind.«

Aber die Suche nach Engrammen oder anderen bleibenden synaptischen Veränderungen, durch die Wahrnehmungen für immer im Gehirn gespeichert würden, war erfolglos. Die systematische Suche begann in den vierziger

Jahren mit der berühmten Tierversuchsreihe des Neurochirurgen Karl Lashley. Lashley versuchte, bleibende Gedächtnisspuren in Rattengehirnen zu finden, nachdem er den Tieren bestimmte Verhaltensweisen beigebracht hatte. Chirurgisch entfernte er verschiedene Teile des Rattenhirns, um herauszufinden, wo die erlernten Verhaltensinstruktionen gespeichert waren. Er schnitt immer größere Gehirnsegmente heraus, stellte jedoch keine Korrelation zwischen Hirnareal und Erinnerung an erlernte Verhaltensmuster fest. Die Erinnerungsfähigkeit der Versuchstiere nahm zwar proportional zum entfernten Hirngewebe ab, verschwand aber nie vollständig. Lashley kam zu dem Schluß, daß Verhalten – unabhängig von bestimmten Nervenzellen – von ›Erregungsmengen‹ innerhalb allgemeiner Aktivitätsfelder bestimmt wird.

Nachdem Lashley an Ratten festgestellt hatte, daß Gedächtnisfunktionen nicht lokal sind, behaupten nur noch wenige Hirnforscher, das Gedächtnis sei in Engrammen an festgelegten Orten im Gehirn verschlüsselt. Statt dessen werden sehr differenzierte Netzwerktheorien entwickelt, in denen Neuronen als die Konstituenten verschiedenartigster Netze angesehen werden, von denen einige durch Erfahrung beeinflußbar sind. Gerald Edelman entwickelte eine der bekanntesten neuronalen Netzwerktheorien. Sein Konzept erklärt geistige Funktionen im Gehirn mit verschiedenen Neuronengruppen, die zwischen hundert und einer Million Zellen umfassen. Diese Gruppen reagieren als Einheit auf ihnen übermittelte Signale. Jede Gruppe reagiert dabei auf eine spezifische Teilmenge der Signalarten; dies sind die Teilmengen, die die Aufmerksamkeitsreaktionen bei geistigen Prozessen erzeugen. Da die Signale bestimmte Neuronengruppen auswählen, konkurrieren die Gruppen im Hinblick auf ihre Aktivierung miteinander. Aus diesem Grund hat Edelman seine Theorie »Neuronaler Darwinismus« genannt.

Die Basis-Neuronengruppen stellen das »primäre Repertoire« des Gehirns dar. Sie sind genetisch codiert und angeboren. Edelman geht in seiner Theorie davon aus, daß einmal angesprochene Gruppen aus dem primären Repertoire häufiger als andere von denselben oder ähnlichen Signalen wieder ausgewählt werden. Dies führt zur fortschreitenden Bildung von Teilgruppen, die enger vernetzt sind als andere und das »sekundäre Repertoire« des Gehirns bilden. Weil Neuronengruppen auf bestimmte Signalarten häufiger reagieren als auf andere, bestimmt ihr selektiver Konkurrenzkampf den Gang der geistigen Entwicklung. An der geistigen Entwicklung ist die Auswahl bereits existierender Neuronengruppen durch eintreffende Signale und die Verschmelzung der Gruppen zu Konfigurationen höherer Ordnung beteiligt. Der Mechanismus der Auswahl und Gruppenbildung ist die Basis für die kognitive Fähigkeit im Gehirn: die Unterscheidung und Einordnung von Stimuli, die Bildung kognitiver Kategorien und das Erkennen der eigenen Person.

Neuronale Netzwerktheorien erklären die Gedächtnisform einer Vielzahl von Arten, von den Insekten bis zu den Affen. Das primäre Repertoire stellt die genetisch codierte Struktur des Gehirns oder Nervensystems des Tieres dar, und das sekundäre Repertoire zeigt Lernfähigkeit an, da es durch Erfahrung veränderbar ist. Die meisten Arten brauchen diese Fähigkeit, da das ›genetische Gedächtnis‹ allein lediglich das Überleben niedrigster Organismen sicherstellen kann. Die Starre genetisch festgelegter Verhaltensmuster muß von Mechanismen gemildert werden, die es dem Organismus ermöglichen, aus seinen Erfahrungen zu lernen.

Fast alle höheren Organismen (komplexere als Virus und Bakterium) weisen zeitweilig eine Modifikation der genetisch bestimmten Verhaltensmuster auf. Wenn sich beispielsweise im Lebensraum der Meisen verschiedene Insektenarten finden, jagen die Meisen jede dieser Arten nach einer Zufallsverteilung. Wenn allerdings eine Insektenart in größerer Zahl vorkommt als die anderen, jagen die Meisen diese Art bevorzugt. Nimmt die bevorzugte Art zahlenmäßig ab, jagen sie diese noch eine Zeitlang weiter, bis sie wieder zu ihrem ursprünglichen, zufälligen Jagdverhalten zurückkehren oder eine andere Art zur bevorzugten Beute wird. Selbst Fische ›erinnern sich‹, wo ihr Futterbehältnis sich befand, obwohl die Erinnerung nicht einmal zehn Sekunden anhält. Frösche und Schildkröten erinnern sich mehrere Minuten lang, Hunde können sich mehrere Stunden lang an eine Futterquelle erinnern, Paviane ungefähr sechs Wochen lang.

Das Gehirn führt neben Erkennen und Wiedererkennen sinnlicher Erfahrung viele weitere erstaunliche Aufgaben aus. Das gesamte Spektrum bewußten Denkens in Symbolen, Ideen und Abstraktionen läßt auf hochentwickelte neuronale Informationsverarbeitung schließen, die zum Teil auf Datenmaterial beruht, das im Gehirn selbst erzeugt wird. Gefühle, Intuition und emotionale Färbung begleiten die Sinneswahrnehmung ebenso wie autonome Vorgänge.

Eine genaue Kenntnis der neurophysiologischen Grundlage der höheren geistigen Funktionen gibt es noch nicht. Die Hirnforschung steht erst am Beginn eines langen Wegs, der sie eines Tages zu einem umfassenderen Verständnis des Geistes – als Abläufe im Gehirn – führen könnte. Aber die auf diesem Gebiet bereits erreichten Einsichten machen deutlich, daß es sich beim Gehirn nicht um die passive Kamera handelt, als die man es sich gemeinhin oft vorstellt. Das Gehirn registriert erhaltene Information nicht passiv, vielmehr erzeugt es die Phänomene, die es erkennt und wiedererkennt, mit. Es ist ein ausgeklügeltes Interpretationssystem, das integrativ-ganzheitlich arbeitet. Seine Funktionen lassen sich nicht auf spezielle Einheiten zurückführen, seien sie einzelne Neuronen oder Neuronennetze.

Das Gehirn ist weder ein passives System, das der Außenwelt gegenüber so offen ist, daß seine Eigenstruktur bei Wahrnehmungs- und Denkvorgängen unberücksichtigt bliebe, noch ist es ein so geschlossenes System, daß nur die ›intern‹ geleistete Arbeit ins Bewußtsein dringen würde. Es ist vielmehr lebender Teil eines lebenden Systems, das die Beziehungen zwischen System und Außenwelt ständig überwacht und reguliert.

Daß Menschen mit der Entwicklung ihrer Überlebensfunktionen ein Gehirn hervorgebracht haben, das eine bewußte Innenschau leisten kann und das über Gerechtigkeitssinn, Wahrheitsliebe und einen Sinn für Schönheit verfügt, ist eine Dreingabe, die die Wissenschaft anerkennen muß, auch wenn sie sie nicht erklären kann.

IV. Die neuen Herausforderungen

Der vorausgegangene Überblick über einige Aspekte des wissenschaftlichen Verständnisses der Bereiche Materie, Leben und Geist könnte den Eindruck erweckt haben, daß die Wissenschaft die Rätsel der Natur und des Menschen im großen und ganzen gelöst hätte. Dieser Eindruck ist falsch. Die Wissenschaft unserer Tage ist perfekter als je zuvor, und ihre jüngsten großen Erfolge in allen Forschungsbereichen haben wirklich erstaunliche Einsichten vermittelt. Dennoch ist die Wissenschaft weit davon entfernt, alle Rätsel gelöst und alles in der Welt zu Verstehende verstanden zu haben. Viele Rätsel bleiben ungelöst. Sie stellen eine Herausforderung für die Wissenschaft dar, eine Aufforderung, ihre gegenwärtige Vorstellung von Wirklichkeit neu zu überdenken.

Trifft ein theoretisches Konzept auf Anomalien, Phänomene, die es nicht erklären kann, kann es nicht mehr aufrechterhalten werden. Das Konzept selbst wird zum Hindernis; das Wissen, das es vermittelt, wird fragwürdig. Eine solche Theorie hat so viele Ausnahmen von der Regel und zusätzliche Gesetzmäßigkeiten, daß kaum jemand sie wirklich richtig anwenden kann. Diese Situation war eingetreten, als die geozentrische Theorie von der heliozentrischen abgelöst wurde. Die altehrwürdige Theorie, nach der die Sonne und die Planeten die Erde in vollkommenen Kreisbewegungen umrunden (nach klassischer Auffassung dadurch, daß sie an bewegten durchsichtigen Kugeln, Sphären genannt, befestigt sind), konnte mit den Beobachtungen nur durch die Annahme in Einklang gebracht werden, es gebe Sphären innerhalb der Sphären, Zyklen innerhalb der Zyklen. Schließlich wurden die ›Epizyklen‹ so zahlreich und ihre Berechnung so schwierig, daß die Theorie selbst zusammenbrach. Kopernikus, der der festen Überzeugung war, die Natur liebe die Einfachheit, entwickelte die heliozentrische Theorie. Dieses einfachere Konzept wurde, obwohl es revolutionär war, von der Gemeinschaft der Astronomen akzeptiert. Die Revolution, die Einstein am Beginn dieses Jahrhunderts bewirkte, war die Folge ähnlicher Faktoren gewesen. Die Interpretation physikalischer Phänomene mit Hilfe der Newtonschen klassischen Mechanik wurde so beschwerlich, daß die Geordnetheit und Einfachheit von Einsteins Gleichungen, so abstrakt sie auch waren, fast mit vernehmlichen Seufzern der Erleichterung begrüßt wurden.

Eine ähnliche Entwicklung zeichnet sich heutzutage in vielen wissenschaftlichen Bereichen ab. Keine Theorie ist gegen Widerlegung gefeit. Selbst die Relativitätstheorie und die Quantenphysik sind im Laufe unseres Jahrhunderts auf Anomalien gestoßen. Deshalb sucht eine neue Physikergeneration intensiv nach neuen Ansätzen und untersucht andere Konzepte. Auch auf dem Gebiet der Biologie häufen sich die Anomalien, und es geraten nicht nur die klassische Darwinsche Theorie, sondern auch ihre neodarwinistischen Varianten unter zunehmenden Druck. Wie das Gehirn arbeitet, konnte von der Wissenschaft nicht völlig erfaßt werden, aber es hat zu allen Zeiten Wissenschaftler gegeben, die glaubten, das Basiswissen sei bereits vorhanden und bis zum völligen Verstehen sei es nur noch ein kurzer Weg. Diese festen Annahmen sind in der letzten Zeit erschüttert worden: Neues und in vielen Hinsichten erstaunliches Datenmaterial über die wenig erforschten Bereiche des menschlichen Geistes und der menschlichen Erfahrung ist verfügbar geworden.

Die unlösbaren Rätsel der zeitgenössischen Wissenschaft eröffnen eine neue Sichtweise. Bevor diese im einzelnen näher betrachtet wird, sollten wir uns einige der bestehenden Rätsel vor Augen führen. Die Phänomene, von denen sie erzeugt werden, sind nicht nur Katalysatoren, sondern integrierter Bestandteil der neuen Sicht, die derzeit entsteht.

Rätsel der Materie

Wir hatten schon davon gesprochen, daß die gegenwärtige Physik der Materie eher eine wolkenartige als eine feste, steinartige Konsistenz zuschreibt. Diese Auffassung liegt der Kopenhagener Deutung zugrunde und ihrem Gebot, keine Aussagen über die kleinsten beobachtbaren Teilchen unabhängig von ihren Beobachtungsdaten zu machen. Subatomare Phänomene, so haben wir gesehen, werden als Drache im Rauch angesehen, als unbekannt und nicht zu erkennen, außer wenn er beobachtet wird. Dieser Drache jedoch ist rätselhafter als jedes mythologische Ungeheuer. Je mehr er erforscht wird, desto geheimnisvoller wird er.

Das Rätsel der Nichtlokalität

Laborexperimente beweisen, daß die kleinsten beobachtbaren Materieteilchen nicht nur einen Teilchen-Welle-Charakter haben, sondern auch auf eine Weise in Verbindung stehen, die alle erlaubten Begrenzungen von Raum und Zeit überschreitet. In Youngs klassischem Doppelspalt-Experiment beispielsweise treffen Photonen einer

Lichtquelle auf einen schmalen Spalt in einem Schirm; dahinter befindet sich ein zweiter Schirm, der die durch den Spalt tretenden Strahlen abbildet. Man sieht, daß der Lichtstrahl sich hinter dem Spalt ausbreitet und ein Beugungsmuster bildet. Das Schirmmuster zeigt den Wellenaspekt des Lichts und stellt für sich selbst nichts Ungewöhnliches dar. Wenn jedoch auf dem ersten Schirm zwei Spalten nebeneinander geöffnet werden, bildet sich auf dem Schirm dahinter eine Überlagerung von Mustern, auch wenn nur jeweils ein einziges Lichtquant hindurchgesandt wird. Die Wellen, die sich hinter den Spalten ausbreiten, bilden das charakteristische Interferenzmuster, bei dem sich die Wellenfronten auslöschen, wenn sie gegenphasig sind, und sich verstärken, wenn sie gleichphasig sind. Es scheint, als würde jedes einzelne Photon gleichzeitig durch beide Spalten gehen.

In einem anderen Experiment, das von Wheeler entworfen wurde, werden Photonen einzeln abgestrahlt und treffen auf einen Detektor, der jedes eintreffende Teilchen durch ein akustisches Signal anzeigt. Ein halbdurchlässiger Spiegel, der den Photonenstrahl beim Durchgang aufteilt, wird jetzt in den Strahl gestellt, so daß der Wahrscheinlichkeit nach je eins von zwei Photonen das teilverspiegelte Glas durchquert und je eins von zwei Photonen von ihm reflektiert wird. Um diese Wahrscheinlichkeitsverteilung nachzuprüfen, werden zwei Photonenzähler jeweils in beiden Strahlrichtungen eingesetzt. Die Erwartung, daß die Photonen sich gleichmäßig in beide Richtungen aufteilen, wird durch die Messung der Photonenzähler bestätigt. Wenn man dann einen zweiten halbdurchlässigen Spiegel in die Bahn der Photonen, die vom ersten Spiegel nicht reflektiert wurden, so einfügt, daß sowohl die reflektierten als auch die nicht reflektierten auf denselben Zählern wie zuvor eintreffen, wäre zu erwarten, daß die beiden Zähler jeweils die gleiche Anzahl eintreffender Photonen registrieren, da die einzeln emittierten Photonen lediglich die Zielorte ausgetauscht hätten. Das ist aber nicht der Fall. Nur einer der Zähler gibt akustische Signale, der andere nicht. Alle Photonen treffen an ein und demselben Zielort ein.

Hier zeigt sich die im Doppelspalt-Experiment festgestellte Interferenz erneut. Photonen, die als individuelle Teilchen emittiert werden, interferieren miteinander als Wellen. Auf der einen Seite des Spiegels führt die Interferenz zur gegenseitigen Auslöschung, weil der Phasenunterschied zwischen den Photonen 180° beträgt. Auf der anderen Seite des Spiegels ergibt sich aufgrund der übereinstimmenden Wellenphase der Photonen eine gegenseitige Verstärkung, d. h. eine positive Interferenz.

Nicht nur Photonen, die unmittelbar aufeinanderfolgend im Labor emittiert werden, interferieren miteinander, sondern auch solche, die in sehr großen Zeitabständen in der Natur emittiert werden. Zu dem von Wheeler entwickelten Experiment mit dem aufgeteilten Lichtstrahl gibt es eine kosmische Variante.

In einem Experiment wurde die Photonenemission des quasistellaren Doppelobjekts mit der Bezeichnung 0957+516 A,B gemessen. Man nimmt an, daß dieser ferne Quasar nur ein einzelnes astronomisches Objekt darstellt. Das von uns beobachtete Doppelbild entsteht dadurch, daß das von ihm ausgesandte Licht durch eine Galaxie abgelenkt wird, die ungefähr ein Viertel der Gesamtstrecke Quasar–Erde entfernt ist. Diese Ablenkung ist aufgrund des »Gravitationslinsen-Effekts« groß genug, um zwei Lichtstrahlen zusammenzuführen, die vom Quasar vor Milliarden von Jahren abgestrahlt wurden. Infolge der zusätzlichen Strecke, die die von der Galaxie abgelenkten Photonen zurücklegen müssen, sind sie 50000 Jahre länger unterwegs als diejenigen Photonen, die uns auf direktem Weg erreichen. Obwohl die Lichtstrahlen vor Milliarden von Jahren und in einem Zeitabstand von 50000 Jahren ausgesandt wurden, interferieren sie miteinander genauso, als seien sie innerhalb von Sekunden im Labor abgestrahlt worden.

In einigen Fällen scheint die Interaktion räumlich getrennter Teilchen gleichzeitig aufzutreten. Dieser Aspekt der Nichtlokalität wurde bei der Durchführung des sogenannten EPR-Experiments festgestellt, das ursprünglich von Einstein und seinen Kollegen Podolski und Rosen konzipiert worden war. Das Experiment untersucht ein Teilchenpaar mit identischen Quantenzuständen, die sich in entgegengesetzten Richtungen ausbreiten. Wenn man jetzt die Position eines dieser beiden Teilchen bestimmt, läßt sich – da die Quantenzustände identisch sind – anhand des Meßergebnisses der korrespondierende Zustand des anderen Teilchens vorhersagen. Dann wird am anderen Teilchen eine andere Eigenschaft gemessen, wie zum Beispiel der Impuls. Auf diese Weise könnte man sowohl den Impuls als auch die Position des zweiten Teilchens bestimmen. Einstein nahm an, damit sei der Beweis geführt, daß es sich bei Heisenbergs Unschärferelation um Probleme bei der Messung handelt, nicht um eine unabhängige, in der Natur auftretende Erscheinung.

Obwohl das EPR-Experiment bereits 1935 vorgeschlagen wurde, konnte man erst 1982 die für einen Versuch notwendigen Laborgeräte bauen. Der Versuch, den Alain Aspect mit seinen Mitarbeitern in Frankreich durchführte, ergab, daß der Meßvorgang an einem der Teilchen, trotz des räumlichen Abstands der beiden, eine meßbare Auswirkung auf das andere Teilchen hatte. Ebenso wie im Experiment mit dem geteilten Lichtstrahl zeigte sich die Korrelation zweier räumlich getrennter Teilchen. Darüber hinaus trat diese Korrelation praktisch augenblicklich auf; den Messungen nach schneller als Lichtgeschwindigkeit. Dieses Ergebnis überraschte selbst diejenigen, die den Versuch durchgeführt hatten und der festen Überzeugung waren, daß derartige nichtlokale Korrelationen in der Natur nicht existieren. Die Meßgeräte zeigten allerdings zweifelsfrei an, daß dem doch so ist.

Das Phänomen der Nichtlokalität führte dazu, daß andere berühmte Gedankenexperimente aus der Quantenwelt erfunden wurden, zu denen auch der weithin bekannte Versuch mit »Schrödingers Katze« gehört. Schrödinger schlug vor, eine Katze in einen verschlossenen Behälter zu stecken, der mit einer Einrichtung verbunden ist, die nach dem Zufallsprinzip entweder inaktiv oder aktiv ist und die Einleitung eines giftigen Gases in den Behälter auslöst. Wenn wir also den Behälter öffnen, muß die Katze entweder tot oder lebendig sein. Nach dem gesunden Menschenverstand müßte die Katze bereits gestorben sein, als das Giftgas ausströmte – falls es ausströmte –, oder sie war während der gesamten Zeit im Behälter lebendig. Aber diese Betrachtungsweise ist in der Quantentheorie unzulässig. Solange der Behälter verschlossen ist, überlagern sich zwei wahrscheinliche Zustände, und die Katze muß als gleichzeitig tot *und* lebendig gelten. Erst wenn das Behältnis geöffnet wird, kollabieren die zwei Wahrscheinlichkeitszustände in einen einzigen.

Ein ähnliches Gedankenexperiment wurde von Louis de Broglie vorgeschlagen. Anstelle einer Katze nehmen wir jetzt ein Elektron und stecken es in einen verschlossenen Behälter. Wir teilen den Behälter, der sich z. B. in Paris befinden soll, und schicken eine Hälfte nach Tokio und die andere nach New York. Wenn wir den halben Behälter in New York öffnen und dort das Elektron finden, dann muß es sich, wiederum nach dem gesunden Menschenverstand, bereits beim Versand in Paris in dieser Hälfte befunden haben. Aber auch hier, wie bei der Entscheidung über den Zustand von Schrödingers Katze, verbietet sich nach der Quantentheorie eine solche eindeutige Sachlage. Jede der beiden Behältnishälften enthält mit einer bestimmten, über Null liegenden Wahrscheinlichkeit das Elektron. Erst in dem Augenblick, in dem eine der Hälften in New York geöffnet wird, bricht das Wellenpaket zusammen, das die Wahrscheinlichkeitsverteilung des Elektrons an *beiden* Orten steuert.

Das Rätsel der Ausschließung

Es gibt im subatomaren Bereich noch eine weitere verwirrende Tatsache. Sie bezieht sich auf die Korrelation von Teilchen, die räumlich nahe beieinander liegen. Das Verwirrende an dieser Korrelation ist, daß wir die daran beteiligte Energieform nicht kennen. Wolfgang Pauli hat 1925 die Wirkungen in einer mathematischen Formel beschrieben, die seitdem als Pauli-Prinzip bekannt ist.

Die Korrelation, von der hier die Rede ist, bezieht sich auf Elektronen, die denselben Kern umkreisen – oder, im Falle komplexerer Moleküle, dieselben Kerne. Bekanntermaßen bestimmt die Zusammensetzung des Atomkerns die Energieniveaus der Atomhüllen. Die Energie des Kerns bestimmt aber nicht, *wie* die Energie in den Hüllen aufgeteilt wird, d. h. die spezifische Struktur der Atomhüllen. Diese Struktur wird durch die Korrelation zwischen den

Elektronen festgelegt. Sie gehorchen dem Antisymmetrie-Gesetz und schließen einander aus.

Das Antisymmetrie-Gesetz besagt, daß Elektronen eines Atoms verschiedene Bahnen belegen müssen. Es ist allerdings unklar, wie die Elektronen eines Atoms oder eines Moleküls dieses Gesetz befolgen können, denn eine Energie, die ihre Bewegung bewirkt, ist nicht bekannt. Tatsache ist, daß Paulis Ausschließungsprinzip eine exakte Korrelation zwischen den Elektronen voraussetzt, ohne die Beteiligung einer dynamischen Kraft. Genauso wie zwei Teilchen im EPR-Experiment oder zwei Photonen im Experiment mit dem geteilten Lichtstrahl den Quantenzustand des jeweils anderen ›kennen‹, ohne daß ein Energieaustausch stattgefunden hätte, scheinen Elektronen in einem Atom, Molekül oder Metall auf eine nicht-dynamische Weise übereinander ›Bescheid zu wissen‹. Wie dieses Wissen aber transportiert wird, bleibt ein Rätsel.

Das Geheimnis der unendlich großen Nullpunkt-Energien

Ein weiteres Geheimnis ist auch mit dem sogenannten Quantenvakuum verbunden, Grundstruktur dessen, was man sich früher unter ›leerem Raum‹ vorstellte. Das Vakuum des Universums ist allerdings alles andere als leer. Es ist ein Meer anscheinend unerschöpflicher Energien. Unsere Welt, die Welt der Materie und gewöhnlicher Energieformen, scheint auf diesem tiefen Energie-Meer zu schwimmen.

Die Energien des Vakuums sind anders beschaffen als diejenigen, die auf Teilchen einwirken und Materie und Kräfte im beobachtbaren Universum bilden. Die Vakuumenergien sind eher potentiell als wirklich, sie sind virtuell und nicht real. Sie werden als »Nullpunkt«-Energien bezeichnet, da Experimente mit der Strahlung schwarzer Körper ergeben haben, daß diese Energien auch mit Elementarteilchen verbunden bleiben, wenn diese Teilchen sich im nicht-dynamischen Grundenergiezustand befinden.

Die Energiedichte des Quantenvakuums stellt in der gegenwärtigen Physik eine Anomalie dar. Sie tritt in Erscheinung, wenn man die Heisenbergsche Unschärferelation auf unendlich kleine Bereiche anwendet. Die Unschärferelation besagt ja, daß es nicht möglich ist, Ort und Impuls eines Teilchens gleichzeitig zu messen. Dies bedeutet im Hinblick auf die einen Kern umkreisenden Elektronen, daß wir die Position des Elektrons um so besser präzisieren, je kleiner wir die ›Umlaufbahnen‹ machen. Je besser die Position eines Elektrons bestimmt wird, desto unspezifischer wird sein Impuls, und auf einer unendlich kleinen Umlaufbahn wird sein Impuls unendlich. (In der Quantenelektrodynamik wird dieser Zustand beschrieben als eine unendliche Anzahl von Oszillatoren, die die Energie eines elektromagnetischen Feldes definieren.)

John Wheeler hat errechnet, daß, wenn die Quantengesetze bis in die Plancksche Länge von 10^{-33} cm gelten, die Energiedichte des Vakuums 10^{94} g/cm^3 betragen müßte. Die Höhe dieses Ergebnisses stellt ein ziemliches Problem dar. Nach Einsteins berühmter Gleichung von Masse und Energie $E = mc^2$ wäre dann die Gravitationskraft des Vakuums unwahrscheinlich viel größer als die Gravitationskraft der gesamten Materie des Universums. Dann ist es ein Rätsel, wie sich das Universum ausdehnen konnte. Die Gravitation hätte es gleich nach dem Urknall in einen unendlich kleinen Punkt zusammenpressen müssen.

Das Rätsel der Kohlenstoffsynthese

Die Materie im Universum dehnt sich im Raum aus und bildet im Laufe der Zeit immer komplexere Strukturen. Dies ist nur möglich, weil die Elektronen, die die Atomkerne umgeben, durch das Ausschließungsprinzip gezwungen werden, einzelne Quantenzustände zu besetzen. Aber damit Elektronen tatsächlich in das Energiefeld von Atomkernen eintreten können, müssen die Energieniveaus verschiedener Kerne in Einklang gebracht werden. Obwohl eine solche Harmonisierung für das Universum als Ganzes absolut unwahrscheinlich ist, gibt es sie.

Die Verfügbarkeit von Kohlenstoff ist der Schlüssel zu Atomstrukturen höherer Ordnung in der Natur. Im frühen Universum bildeten sich zuallererst Wasserstoffkerne, die nur aus einem Proton und einem Neutron bestanden. Durch nachfolgende Reaktionen verschmolzen Wasserstoffkerne zu Heliumkernen. Allerdings sind sowohl Wasserstoff als auch Helium chemisch inaktiv, und in der sich ausdehnenden und abkühlenden Raumzeit des Universums gab es nicht genug Energie, um sie zu schwereren Elementen zusammenzufügen. Komplexere Elemente konnten nur entstehen, wenn genug Kohlenstoff zur Verfügung stand, der für solche Reaktionen, bei denen aus Wasserstoff und Helium schwerere Atomkerne entstanden, als Katalysator dienen konnte. Und tatsächlich gab es genug Kohlenstoff; die Frage ist nur, wieso.

Die Kohlenstoffsynthese ist das Ende einer Reihe von Ereignissen, die mit der Reaktion Helium + Helium beginnt und zur Bildung eines Beryllium-Kernes führt. Diese Beryllium-Kerne sind jedoch instabile Isotope, die sofort nach ihrer Entstehung wieder zu Helium zerfallen. Um Kohlenstoff entstehen zu lassen, müßte Beryllium, anstatt zu Helium zu zerfallen, wiederum eine Verbindung mit Helium eingehen. Auch wenn diese Reaktion auf den ersten Blick unwahrscheinlich ist, findet sie tatsächlich statt. Der Grund hierfür ist, daß es sich um eine »Resonanzreaktion« handelt, bei der die kombinierte Energie der Beryllium- und Heliumkerne (7,370 MeV) um weniges geringer ist als die Energie des Reaktionsproduktes Kohlenstoff (7,656 MeV).

Es ist jedoch fraglich, ob auf diese Weise gebildeter Kohlenstoff im Universum Bestand haben könnte, da eine weitere Reaktion mit Helium ihn zu Sauerstoff reduzieren würde. Es zeigt sich aber, daß die Verbindung von Kohlenstoff und Helium von der Natur nicht begünstigt wird: Das Energieniveau des Reaktionsproduktes Sauerstoff (7,1187 MeV) liegt unter dem Energieniveau der Reaktionspartner Wasserstoff und Helium (7,1616 MeV). Als Folge ist auch der Sauerstoffkern relativ stabil, so daß sowohl Kohlenstoff als auch Sauerstoff in genügenden Mengen vorhanden sind, um Teil noch komplexerer Zusammensetzungen zu werden, einschließlich solcher, die die Grundlage für das Leben bilden.

Obwohl es eigentlich wenig wahrscheinlich ist, sind die Energieniveaus von Helium, Beryllium, Kohlenstoff und Sauerstoff aufeinander abgestimmt. Die Natur hat eine erstaunliche – und für Lebewesen äußerst glückliche – Feinabstimmung der Energieniveaus vier verschiedener Elemente bewerkstelligt. Aus diesem Grunde gibt es im heutigen Universum komplexere und interessantere Phänomene als aleatorische, hin- und herschwebende Wasserstoff- und Heliumgase.

Das Rätsel der Konstanten

Im physikalischen Universum gibt es noch weitere Rätsel, die von den heutigen Theorien nicht erklärt werden können. Ein besonders bemerkenswertes Rätsel ist die Harmonisierung der sogenannten universellen Konstanten.

Nicht nur die Lebensprozesse sind genau auf die physikalischen Prozesse des Universums abgestimmt – was ohnehin zu erwarten wäre, da das Leben sich aus dem physikalischen Hintergrund entwickelt hat –, sondern auch die physikalischen Konstanten des Universums sind, obwohl es sie vor Beginn des Lebens schon gegeben haben muß, eng auf die Lebensprozesse abgestimmt. Es scheint, daß die Entstehung der eigentlich dünnen Schicht von Materie im Universum genau richtig bemessen ist, um die Entwicklung des Lebens zu ermöglichen. Wenn der Materiegehalt des Universums auch nur ein wenig größer wäre, als er tatsächlich ist, bestünde durch die vermehrte Sternendichte eine deutlich höhere Wahrscheinlichkeit interstellarer Zusammenstöße, bei denen belebte Planeten aus ihren sicheren Zonen herausgeschleudert werden würden. Die Folge solcher Ereignisse wäre die Vernichtung aller Lebensformen, die sich möglicherweise auf ihnen entwickelt haben, durch extreme Kälte oder Hitze. Auch könnte, wenn die starke Kernkraft, die die Atomkerne zusammenhält, auch nur um einen Bruchteil schwächer wäre, das Deuterium nicht existieren und die Sonne ebensowenig scheinen wie andere Sterne. Und wäre die starke Kernkraft auch nur ein wenig stärker, als sie tatsächlich ist, würden sich die Sonne und andere Sterne ausdehnen und möglicherweise explodieren.

Wenn das Neutron nicht schwerer wäre als das Proton,

würde die aktive Lebenszeit der Sonne und ähnlicher Sterne nicht mehr als einige hundert Jahre betragen; wenn die elektrischen Ladungen der Elektronen und Protonen nicht genau ausgeglichen wären, gäbe es nur instabile materielle Strukturen, so daß das Universum nichts höher Geordnetes aufzuweisen hätte als Strahlung und eine relativ gleichförmige Mischung von Gasen. Wenn es beim Urknall nicht minimale Abweichungen von den Regelmäßigkeiten gegeben hätte, gäbe es heute weder Galaxien noch Sterne – und auch keinen Planeten, auf denen fragende Menschen versuchen, die Rätsel der Natur zu lösen. Dies sind die Fakten in Kurzform:

– Die Schwerkraft hat genau die richtige Stärke, so daß sich Sterne bilden können, die lange genug leben, um genügend Energie zu liefern für die Entwicklung von Leben auf Planeten, auf denen dies möglich ist.
– Die Masse des Neutrinos ist, wenn sie nicht sogar gleich Null ist, klein genug, um den sofortigen Zusammenbruch des Universums durch den Druck der Schwerkraft nach dem »Big Bang« verhindert zu haben.
– Die starke Kernkraft ist genau so stark, daß Wasserstoff sich in Helium, später in Kohlenstoff und alle anderen Elemente, die für das Leben unabdingbar sind, umwandeln kann.
– Die schwache Kernkraft hat genau die richtige Stärke, um Atome aus einer Supernova herauszuschleudern; die Atome stehen dann einer neuen Sternengeneration zum Aufbau komplexerer Elemente, die die Voraussetzung für Leben bilden, zur Verfügung.
– Die schwache Kernkraft hat darüber hinaus im Hinblick auf die Schwerkraft genau den Wert, der bewirkt, daß Wasserstoff, und nicht Helium, im Kosmos überwiegt, und erlaubt damit den Sternen lange genug zu

scheinen, so daß sich auf einigen Planeten ausreichend Wasser bilden und Leben entstehen kann.

Demnach sieht es so aus, als seien die Werte der vier universellen Kräfte exakt so bemessen, daß Leben im Kosmos entstehen konnte. Aber warum das so ist, bleibt ein Rätsel. Da die Evolution den beobachteten Gang genommen hat, müssen die Werte der Kräfte bereits am Beginn eingestellt gewesen sein. Wie aber konnten sie zu einem Zeitpunkt Null rein zufällig die richtige Feineinstellung aufweisen? Ein glücklicher Zufall in dieser Größenordnung scheint sehr unglaubwürdig. Ist Glück etwa durch das Gesetz der großen Zahl entscheidend beeinflußt worden – daß unser Universum nur eines unter Myriaden Universen ist, das seine bemerkenswerten Charakteristika lediglich der Tatsache verdankt, daß in einer großen Gruppe selbst unwahrscheinliche Konfigurationen möglich werden? Und wenn dem nicht so ist, kann es sein, daß die Konstanten nur deshalb bestens harmonieren, weil nur dies zur Evolution der komplexen Wesen führen konnte, die die Konstanten jetzt beobachten? Oder versagen alle natürlichen Erklärungen und verweisen uns auf die Alternative des sinnvollen Plans eines kosmischen Meisterarchitekten?

All diese Hypothesen sind formuliert worden, aber keine ist zufriedenstellend. Auch wenn das Gesetz der großen Zahl einen Einfluß gehabt hat, ist Zufall nicht die Antwort. Auch der Plan nicht; für die Naturwissenschaft sind vorherbestimmte Ziele sogar noch schwerer zu akzeptieren als der reine Zufall. Und das »Anthropische Prinzip« – das besagt, das Universum sei deshalb so, wie es ist, weil wir es beobachten –, wird kaum für alle akzeptabel sein, obwohl es viel diskutiert wird. Eine vernünftige Erklärung steht also noch aus.

Rätsel in der Sicht des Lebens

Rätsel der Evolution

Die Aufgaben, vor die neue Forschungsergebnisse über den zeitlichen Ablauf und die Art und Weise der Evolution die darwinistische und neodarwinistische Theorie stellen, sind bekannt. Es hat sich gezeigt, daß vereinzelte der natürlichen Selektion ausgesetzte Mutationen die Arten, die durch Fossilienuntersuchungen nachgewiesen wurden, nicht hervorgebracht haben können, vor allem nicht in den errechneten Zeiträumen.

Schon mit den Zeiträumen der Entstehung des Lebens auf der Erde ist ein Rätsel verbunden. Vergleichsweise komplexe Organismen entstanden in erstaunlich kurzer Zeit. Die ältesten Felsen sind ungefähr vier Milliarden Jahre alt, die frühesten, schon hochentwickelten Lebensformen (Blaualgen und Bakterien) sind älter als 3,4 Milliarden Jahre. Wie dieser hohe Entwicklungsgrad in dem relativ kurzen Zeitraum von 600 Millionen Jahren erreicht werden konnte, darauf gibt es keine klare Antwort. Der Zufall kann für diese Tatsachen nicht allein verantwortlich sein. Es hätte erheblich länger gedauert, bis durch zufälliges Rühren in der molekularen Suppe komplexere Strukturen entstanden wären. Ist das Leben auf unserem Planeten aus dem Weltraum importiert worden? Diesen spekulativen Schluß zog Lord Kelvin im letzten Jahrhundert, und Francis Crick vor ein paar Jahren.

Zusätzlich zur Frage der Zeiträume ist die gegenwärtige Makroevolutionstheorie auch mit dem Rätsel der Speziation konfrontiert. Wenn neue Arten nicht durch schrittweise Veränderungen der alten Arten entstehen, wird es schwierig zu erklären, wie sie überhaupt entstehen konnten. Die Kontinuität des Lebens konnte nur durch die Entstehung neuer Arten aus den Mutationen ihrer Vorfahren gesichert werden. Aber diese Mutationen konnten nicht lediglich leichte Modifikationen sein, die das Ergebnis einer zufälligen neuen Anordnung des genetischen Codes der Eltern in der Nachkommenschaft waren. Mutationen mit evolutionärer Bedeutung müssen vielmehr massive und systemische Neuerungen gewesen sein – komplette ›Erfindungen‹ neuer und lebensfähiger Organismen. Mit der Entwicklung von Federn beispielsweise kann ein Reptil noch nicht fliegen: Eine völlig andere Knochen- und Muskelstruktur ist ebenso erforderlich wie ein schnellerer Stoffwechsel, der die Energie für das Fliegen liefert. Eine einzige neue Eigenschaft kann kaum einen evolutionären Vorteil bringen; im Gegenteil, sie ist wahrscheinlich ein Nachteil und verschwindet deshalb wieder.

Wie konnte eine bestehende Art die notwendig große Zahl harmonisierender Veränderungen gleichzeitig hervorbringen? Sicherlich nicht allein durch Zufall. Die Entstehung eines lebensfähigen Organismus durch eine bloße Zufallsmodifikation des bestehenden genetischen Codes ist enorm unwahrscheinlich. Es ist schwer nachzuvollziehen, wie die Evolution durch schrittweise Verbesserung des Erbmaterials der überlebenden Arten vorangeschritten sein sollte.

Alles deutet darauf hin, daß bedeutende evolutionäre Ereignisse, wie das Auftreten neuer Arten, nicht mit der Annahme erklärt werden können, Makroevolution sei die Summe einiger zufällig entstandener und durch natürliche Selektion ausgewählter mikroevolutionärer Modifikationen. Neue Arten können nicht aus der schrittweisen Veränderung bestehender Arten hervorgegangen sein: auch die Fossilienfunde und ihre zeitliche Einordnung sprechen gegen die These einer graduellen Entwicklung. Sie beweisen, daß der Gang der Evolution alles andere als gleichmäßig und kontinuierlich verlaufen ist; wirkliche Neuerungen können deshalb nicht aus der Akkumulation kleinerer Veränderungen entstanden sein. Die mögliche Variationsbreite war viel zu groß, und die Sprünge, die man zwischen den Arten ausmachen kann, waren zu gravierend, als daß Zufallsvariationen im Erbmaterial die bekannten Arten hervorgebracht haben könnten.

Dennoch sind die Trennung von Körper (Soma) und Keimzellen sowie Zufallsvariationen der Erbanlage die Stützpfeiler der darwinistischen und neodarwinistischen Theorie. Die etablierte Vererbungstheorie behauptet, daß Interaktionen zwischen Körper und Umgebung während der Lebenszeit eines Organismus keine erblichen Auswirkungen haben, sie bewirken keine Veränderung der DNS in der Erbanlage. Nach der Theorie sind Mutationen weder vom Zustand des Soma noch von ihrer Umgebung abhängig. Die darwinistische Evolution schreitet voran durch eine a posteriori vorgenommene Selektion der zufällig erzeugten genetischen Varianten, die zufällig gut in eine bestimmte Umgebung passen.

Es hat sich aber in den letzten Jahren herausgestellt, daß Umgebungseinflüsse sehr wohl auf die Keimdrüsen einwirken und ihre Mutationen nicht zufällig sind. Es gibt eindeutige Hinweise, daß die Gene eines Individuums nicht völlig unveränderlich sind; das Genom ist, nach dieser neuen Vorstellung, ›fließend‹. Veränderungen der DNS können nicht nur in der Evolution, sondern auch während der Lebenszeit des Organismus von Bedeutung sein. Die DNS ist strukturell und funktional fast genauso anpassungsfähig wie der Rest des Organismus.

Neuere Forschungsergebnisse legen den Schluß nahe, daß auch dann, wenn einige nukleotide Veränderungen der DNS zufällig sind, nicht alle Variationen wahllos sind: Sie treten im Rahmen eines gut strukturierten »epigenetischen Systems« auf. Die dynamische Struktur dieses Systems bewirkt Variationen in den Erbanlagen; demnach können Variationen auch das Ergebnis von Umwelteinflüssen sein. Experimente haben gezeigt, daß beispielsweise beim Flachs nach der Behandlung mit Düngemitteln eine gesteuerte genomische Veränderung auftritt, und daß verschiedene Insekten, die Insektiziden ausgesetzt wurden, spezielle Gene verstärken und vererben, die die Chemikalien neutralisieren und gegenüber den Giftstoffen resistent machen. Die Fähigkeit ›verhungernder‹ Bakterien, in einer Art und Weise zu mutieren, die ihr Überleben sichert, ist ein besonders rätselhaftes Beispiel der ›zielgerichteten Mutation‹.

Bis vor nicht allzu langer Zeit hatten Forscher, die mit mutierenden Bakterien arbeiteten, nur jene Mutationen untersucht, die unter günstigen Bedingungen auftreten, nämlich in gesunden Populationen sich schnell teilender Bakterien. Barry Hall von der Universität Rochester hat sich 1982 mit dem Wildtyp des Escherichia-coli-Bakteriums beschäftigt. Er entfernte das Gen, das das Bakterium zur Spaltung von Laktose, von der es sich ernährt, benötigt. Als er Escherichia-coli-Bakterien in eine reine Laktoselösung legte, mutierten einige von ihnen und stellten ein perfektes Ersatz-Enzym her, das ebg. Wie die Escherichia coli dieses Kunststück zuwege bringen, ist nicht bekannt. Auch John Cairns und seine Mitarbeiter kamen bei Experimenten an der Harvard School of Public Health zu ähnlichen Ergebnissen. Sie untersuchten Bakterien, die aufgrund eines genetischen Defekts nicht in der Lage waren, Laktose zu verarbeiten. Als diesen Versuchsbakterien nur Laktose zur Verfügung gestellt wurde, zeigte sich, daß eine nennenswerte Anzahl von ihnen zu ihren normalen Genen zurückmutierte.

Wie ein Bakterium gezielt mutieren kann, wenn die Notwendigkeit dazu besteht, weiß niemand. Ursprünglich wurde angenommen, daß unter Streß das ganze Bakterium mit allen oder den meisten seiner Gene mutiert. Dies wäre natürlich möglich, vielleicht haben die Forscher nur jene Mutationen, die mit den defekten Genen zusammenhingen, wahrgenommen. Aber wenn unter Streß viele Gene mutiert wären, wären die meisten Bakterien gestorben: Das ist der wahrscheinliche Effekt willkürlicher Veränderungen in einem harmonischen System von vielen Genen.

In der Folge erbrachte Hall den Beweis, daß Bakterien mit defekten Genen nur diese defekten Gene mutieren. Er untersuchte Exemplare, bei denen zwei der fünf Gene, die sie benötigen, um Trytophan herzustellen, defekt waren, und stellte fest, daß einige den Test überlebten, da sie die Fähigkeit, Trytophan herzustellen, wiedererlangten. Die Bakterien mutierten nur genau jene beiden dafür benötigten Gene. Diese spezifische Mutation, schloß Hall, ist wirklich unglaublich. Zufallsmutationen hätten sicherlich niemals zu einer Reparatur einzig der Informationsstränge in den vorher defekten Genen geführt.

Es zeigt sich, daß die Stabilität der Keimzellen nicht auf die Getrenntheit von Genotyp und Phänotyp – die Getrenntheit von Keimzellen und Soma – zurückzuführen ist. Anhaltende Überlebensfähigkeit ist nicht das Ergebnis zufälliger Mutationen und natürlicher Selektion. Natürliche Selektion spielt im Evolutionsprozeß selbstverständlich eine Rolle: Varianten, die einen Nachteil bringen, können nicht bestehen, und dies trägt zur festgestellten Harmonie zwischen Organismus und Umwelt bei. Demnach ist natürliche Selektion eher ein negativer als ein kreativer Faktor: Sie eliminiert ungünstige Mutationen, bietet aber keine Gewähr für die Entstehung wirklich günstiger Mutationen. Aufmerksame Forscher sehen allerdings immer deutlicher auch den positiven Faktor, das enge Zusammenspiel von Organismus und Umwelt innerhalb eines umfassenden Systems, das sich diskontinuierlich, aber beständig selbst hervorbringt. Wie dieses System funktioniert, welche Kräfte oder Felder sein Zusammenspiel sicherstellen, können die darwinistische und die neodarwinistischen Theorien nicht hinreichend erklären.

Das Rätsel der organischen Eigenreparatur

Der Prozeß der Eigenreparatur von Organismen ist ein weiteres Rätsel der Biologie. Die Fähigkeit zur Eigenreparatur dient ganz offensichtlich dem Überleben: Die natürliche Selektion muß Mutanten bevorzugt haben, die eventuell zu erwartenden Schädigungen ein wirkungsvolles genetisches Programm entgegensetzen konnten. Rätselhaft ist allerdings, daß Organismen über Reparaturprogramme verfügen, die nicht durch natürliche Selektion ausgewählt worden sein können. Sie reparieren nämlich Schäden, die während der ganzen Entwicklungsgeschichte ihrer Art niemals aufgetreten sind und vorangegangene Generationen niemals bedroht haben können.

Beweise dafür fand man, als man verschiedene einfache Organismen im Labor einer schädigenden Behandlung unterzog. So wurde der Seeschwamm – ein mehrzelliger Organismus, der aus diversen spezialisierten Zellen mit koordinierten Funktionen besteht – zerschnitten und die Zellen durch ein so feines Sieb gepreßt, daß alle zwischen ihnen bestehenden Verbindungen zerstört wurden. Trotzdem ordneten die Zellen sich wieder zum vollständigen Organismus an.

Der Seeigel – ein komplexerer Organismus, mit Verdauungsapparat, Gefäßsystemen, Saugfüßchen zur Fortbewegung und radial angeordneten Plattenreihen, die das skelettale Gerüst bilden – ist in der Lage, eine ähnliche Eigenreparatur durchzuführen. Wenn er kein Kalzium bekommt, das er zum Erhalt seines Skeletts benötigt, trennen seine Komponenten sich voneinander, und der Organismus löst sich in einzelne, unabhängige Zellen auf. Wird ihnen wieder Kalzium zugeführt, ordnen sie sich erneut an und bilden wieder einen vollständigen Seeigel.

Bei den meisten anderen Arten ist eine solche vollständige Regeneration nicht möglich, aber es gibt Fälle von teilweiser Regeneration, die fast genauso bemerkenswert sind. Wenn das Ei einer Libelle im Labor in zwei Hälften geteilt wird, kann sich jede Hälfte trotzdem zu einer vollständigen Libelle entwickeln. Ein Plattwurm kann in mehrere Teile zerschnitten werden, und aus jedem Teilstück kann trotzdem ein vollständiger Wurm entstehen. Wenn man das Bein eines Wassermolchs abtrennt, wächst ihm – anders als dem sonst sehr ähnlichen Frosch – ein neues Bein. Er kann sogar seine Augenlinse wieder wachsen lassen. Wird sie chirurgisch entfernt, bildet das Gewebe am Irisrand eine neue Linse.

Das Rätsel der Morphogenese

Zwischen den Prozessen der Eigenreparatur und denen der Morphogenese – der Entstehung und Entwicklung eines Organismus – besteht ein enger Zusammenhang. Schließlich ist die Eigenreparatur die Regeneration einer ursprünglich generierten Form. Auf welche Weise Organismen aber die spezifische Form ihrer Art hervorbringen, ist für die Biologie, genauer gesagt, die Genetik, nur schwer nachzuvollziehen.

Wie einzellige Organismen ihre artspezifische Form hervorbringen, ist leichter zu verstehen. Sie reproduzieren sich mit Hilfe von Zellteilung, bei der sie die DNS ihrer Chromosomen einfach an die neuen Zellen weitergeben. Komplexere Arten hingegen pflanzen sich durch ihre Geschlechtszellen fort. Die Genetik geht davon aus, daß diese Zellen über einen vollständigen Befehlssatz zum Aufbau des neuen Organismus verfügen. Diese Annahme bereitet allerdings einige Probleme. So haben völlig unterschiedliche Arten oft einen sehr ähnlichen genetischen Code, und relativ ähnliche Arten einen sehr verschiedenen. Die DNS der Schimpansenchromosomen stimmt zu 99,4 % mit der menschlichen DNS überein, dagegen besitzen Amphibien trotz vieler gemeinsamer morphologischer Eigenschaften eine völlig unterschiedliche DNS. Darüber hinaus ist ebenfalls nicht geklärt, wie die DNS im befruchteten Ei bei höher entwickelten Arten die komplizierten Vorgänge bei der Embryoentwicklung steuern könnte. Die Embryogenese der Säugetiere erfordert eine geordnete Entfaltung von Myriaden dynamischer Verbindungen in der Gebärmutter, was die koordinierte Interaktion von Milliarden sich teilender Zellen mit einschließt. Wenn dieser Ablauf zur Gänze durch Gene bestimmt wäre, müßte das entsprechende genetische Programm auf wundersame Weise vollständig und detailliert sein. Gleichzeitig müßte es flexibel genug sein, um die Differenzierung und Organisation einer Vielzahl dynamischer Verbindungswege unter potentiell sehr unterschiedlichen Bedingungen sicherzustellen. Der genetische Code ist jedoch für alle embryonalen Zellen gleich. Selbst wenn er durch Interaktion mit dem epigenetischen Umfeld – der molekularen Umgebung der Gebärmutter – Informationen erhält, bleibt es rätselhaft, wie ein einheitlicher Code alle zur Entwicklung des Embryos nötigen Schritte durchführen und koordinieren kann.

François Jacob hat darauf hingewiesen, daß über die Regelkreise der embryonalen Entwicklung noch sehr wenig bekannt ist. Abgesehen von den bisher noch vagen Vorstellungen von epigenetischen Landschaften und Faktoren, bleibt die einzige von Biologen wirklich beherrschte Logik linear und eindimensional. Jacob stellte fest, daß die Molekularbiologie hauptsächlich deshalb so schnell voranschreiten konnte, weil die Information in der Mikrobiologie durch lineare Abfolgen von Bausteinen bestimmt wird. Dementsprechend stellt sich dem Genetiker alles eindimensional und linear dar: die genetische Information, die Beziehungen zwischen den primären Strukturen, die Logik der Vererbung usw. Bei der embryonalen Entwicklung allerdings, führt Jacob an, ist die Welt nicht mehr linear. Die eindimensionale Basensequenz der Gene bestimmt die Erzeugung zweidimensionaler Zellschichten, die sich exakt so zusammenfalten, daß dreidimensionales Gewebe und Organe entstehen, die dem Organismus seine Form und Eigenschaften verleihen. Wie sich das abspielt, so räumt der Nobelpreisträger ein, ist immer noch ein Rätsel. Die Funktionsprinzipien der Regelkreise, die für die Embryonalentwicklung verantwortlich sind, kennen wir nicht. Zahlreiche Forscher stellen dahingehend Überlegungen an, daß morphologische Entstehungs- und Regenerationsprozesse außer von der DNS noch von weiteren extragenetischen Faktoren abhängig sein müssen. Bereits in den fünfziger Jahren hat der Mathematiker Hermann Weyl davon gesprochen, daß es in der Evolution

»immaterielle Faktoren« gebe, in Form von Ideen, Vorstellungen und Bauplänen. In jüngster Zeit spekulierte Alistair Hardy über eine »psychische Blaupause«, die allen Mitgliedern einer Art gemeinsam sei; Jean Dorst glaubte einen Plan auszumachen, der der Evolution zugrunde liegt; Roberto Fondi postulierte universelle »Archetypen«, die das Auftreten der Arten steuerten, und Gordon Rattray Taylor stellte die Hypothese auf, daß es in der biologischen Sphäre schon auf der untersten Stufe eine eingebaute Tendenz zum Selbst-Zusammenschluß geben müsse.

Obwohl immer mehr Forscher zu dem Schluß gelangten, daß neben genetischen auch andere Faktoren in der biologischen Evolution eine Rolle spielen müssen, hat bis jetzt niemand eine klare Vorstellung davon, welches diese Faktoren sein könnten und in welcher Weise sie mit den genetischen Programmen interagieren könnten. Die Feststellung, die Edmund Sinnotts bereits um die Jahrhundertmitte getroffen hat, gilt noch: Was die formbildenden Prozesse in der Biologie angeht, steht eine fundamentale Entdeckung noch aus.

Rätsel des Geistes

Die offenen Fragen und ungelösten Rätsel werden immer komplexer, wenn wir von der Physik zur Biologie und schließlich in den psychologischen Bereich vordringen. Es ist daher nicht verwunderlich, daß im großen und ganzen die Phänomene des Geistes weniger verstanden werden als biologische und physikalische Phänomene.

Heutige Erkenntnisse über die Gehirn- und Geistesfunktionen werden sich wohl kaum als völlig irrig herausstellen; dennoch würde niemand die Behauptung wagen, daß mit ihnen auch nur ein annähernd vollständiges Verständnis der beobachteten Phänomene erreicht sei. Obwohl bei der Analyse der an der Sinneswahrnehmung beteiligten neuronalen Prozesse große Fortschritte erzielt worden sind (auch wenn selbst auf diesem Gebiet viele Lücken bleiben und diverse Theorien und Modelle sich um Anerkennung bemühen), sind die Rätsel um so schwieriger zu lösen, je weiter wir von den rezeptiven zu den höheren Gehirnfunktionen vordringen. Von der neurologischen Grundlage des Bewußtseins gibt es lediglich eine Vorstellung, die aber nur wenig konkretes Wissen über die Physiologie der Emotionen beinhaltet, vom abstrakten Vorstellungsdenken ganz zu schweigen. Wenn wir uns in der Folge weitere ungelöste Rätsel der Wissenschaft ansehen, wird deutlich werden, daß die Probleme bereits mit dem Langzeitgedächtnis anfangen.

Das Rätsel des Langzeitgedächtnisses

John von Neumann hat errechnet, daß ein Individuum im Laufe seines Lebens ungefähr $2{,}8 \times 10^{20}$ ›bits‹ an Information anhäuft. Wenn eine derart große Anzahl im Gehirn gespeichert würde, müßten die zerebralen Gedächtnisbereiche über eine unerwartet hohe Speicherkapazität verfügen. Neurophysiologische Theorien, wie beispielsweise die Pribrams, die von einer holografischen Funktionsweise des Gehirns ausgehen, lassen eine enorm hohe Speicherkapazität durchaus zu, weil die Informationsdichte in holografischen Medien viel größer ist als in jedem anderen. Für die gegenwärtig anerkannten Mechanismen, wie es sie zum Beispiel in den neuronalen Netzwerktheorien von Edelman gibt, stellt die Speicherkapazität allerdings eine größere Herausforderung dar. Die Modifikation der neuronalen Netze, die das sekundäre Repertoire des Gehirns bilden, können nicht einmal annähernd $2{,}8 \times 10^{20}$ ›bits‹ enthalten. Dies würde nicht nur das Fassungsvermögen aller anatomisch feststellbaren neuronalen Netze im Gehirn übersteigen, auch der Zugriff auf einzelne Erinnerungen aus der Gesamtheit der Informationen wäre durch den ständigen Zufluß neuer Eindrücke und Erlebnisse und deren Verarbeitung behindert. Deshalb lassen sich mit neuronalen Netzwerktheorien zwar zeitlich begrenzte Modifikationen eines genetisch festgelegten Musters erklären – der Gedächtnisform, die bei Tieren vorherrscht –, bei der Erklärung des menschlichen Langzeitgedächtnisses stoßen sie allerdings auf große Schwierigkeiten.

Die Anzahl der Belege dafür, daß das menschliche Gedächtnis ungeheure Ausmaße hat, wächst ständig. Unter bestimmten Bedingungen sind Menschen in der Lage, sich an Ereignisse und Bilder auch dann zu erinnern, wenn sie Jahre zurückliegen. In bestimmten Gehirn- und Geisteszuständen arbeitet das Gedächtnis mit besonderer Klarheit. Solche Zustände nennt man veränderte Bewußtseinszustände. Sie können durch Meditation selbst herbeigeführt werden, oder von einer anderen Person durch Hypnose; sie können auch biochemisch durch die Einnahme von Halluzinogenen hervorgerufen werden. Besonders eindrucksvoll tritt das Langzeitgedächtnis zutage, wenn der Körper an der Schwelle zum physischen Tod steht.

Seit Elisabeth Kübler-Ross ihre klassischen Studien veröffentlichte, sind Nah-Todeserlebnisse von klinischen Psychologen und darauf spezialisierten Forschern systematisch untersucht worden. Menschen, die dem Tode nahe sind, können sich an Eindrücke und Erlebnisse erinnern, die ihr ganzes Leben umfassen. David Lorimer hat eine große Anzahl von Berichten über Nah-Todeserlebnisse untersucht und dabei zwei Formen der Rückerinnerung festgestellt: panoramisches Gedächtnis und Lebensrückschau. Bei der panoramischen Erinnerung entfaltet sich eine Vielzahl von Bildern und Erinnerungen, dabei spürt die Person, die sie erlebt, nur geringe oder gar keine emotionale Beteiligung. Die Lebensrückschau hingegen umfaßt auch eine emotionale Beteiligung und moralische Werturteile. Bei beiden Formen ist die Deutlichkeit der Rückerinnerung bemerkenswert. Besonders die panoramische Erinnerung ist von großer Lebhaftigkeit, die Bilder schießen mit großer Geschwindigkeit, lebensecht und wirklichkeitstreu durch den Kopf. Die zeitliche Abfolge der Erinnerungen variiert. Manchmal beginnt sie in der frühen Kindheit und reicht bis zur Gegenwart, manchmal schreitet sie, mit der Gegenwart beginnend, zurück bis zur Kindheit. In einigen Fällen überlagern sich die Erinnerungen auch wie in einem holografischen Bündel. Menschen, die diese Erfahrung gemacht haben, kommt es vor, als sei kein einziger Gedanke und kein einziges Ereignis verlorengegangen: Alles, was sie in ihrem Leben erlebt haben, wird in Erinnerung gerufen oder kann in Erinnerung gerufen werden.

Nicht nur die Berichte von Nah-Todeserlebnissen, auch die Erfahrungen Jungscher und transpersonal orientierter Psychotherapeuten haben Beweise dafür erbracht, daß das Gehirn in der Lage ist, Erlebnisse aus der frühen Kindheit wieder ins Gedächtnis zu rufen. Therapeuten, die ihre Patienten in der Regressionstherapie in die frühe Kindheit ›zurückführen‹, haben die Feststellung gemacht, daß die Patienten sich sogar noch weiter zurückerinnern können, selbst bis zum Geburtserlebnis. Die Erinnerungen an Bilder und Erlebnisse helfen den Patienten in vielen Fällen, ihre Traumata und Neurosen zu überwinden. Die Hypnose ist für diesen Zweck nicht mehr unbedingt nötig. Ein völlig entspannter meditativer Zustand ist eine ausreichende Voraussetzung dafür, daß die Rückerinnerung zu fließen beginnt.

Die Rätsel esoterischer Erfahrungen

Psychotherapeuten, die ihre Patienten in die frühe Kindheit und zur Geburt zurückführen, haben dabei ebenfalls festgestellt, daß eine weiterreichende Rückführung bis zu den Erfahrungen im Mutterleib möglich ist. Das Herausarbeiten der Auswirkungen traumatischer Phasen im Leben der Mutter auf den Embryo – Krankheit, Verletzungen oder exzessives Verhalten während der Schwangerschaft – ist mittlerweile ein anerkanntes therapeutisches Mittel. Verwirrend allerdings ist die Tatsache, daß Patienten, die aufgefordert werden, noch weiter in die Vergangenheit zurückzugehen, deutliche Erinnerungen an Menschen und Ereignisse äußern, die sich nicht auf ihr gegenwärtiges Leben und dessen Umstände beziehen. Diese Rückerinnerungen beziehen sich anscheinend auf frühere Leben. An dieser Stelle überschreitet die Psychotherapie die Trennungslinie zwischen wissenschaftlich akzeptablen Beweisen und einer Vielzahl noch nicht systematisch untersuchter esoterischer Phänomene. Die Ergebnisse dieser Vorgehensweise, die als Rückführungstherapie bezeichnet wird, sind allerdings erstaunlich. Patienten berichten von früheren Leidensgeschichten und Todeserfahrungen, die einen direkten Einfluß auf ihre gegenwärtige Krankheit haben. Thorwald Detlefsen schildert in seinen Fallberichten einen Patienten, der trotz eines organisch gesunden Auges nicht sehen konnte. In der Therapie ›erinnerte‹ dieser sich, im Mittelalter ein Soldat gewesen zu sein, dem durch einen Pfeil ein Auge ausgeschossen wurde. Der Forscher Morris Netherton, der auf diesem Gebiet Pionierarbeit geleistet hat, hatte eine Patientin, die unter Colitis ulcerosa litt. Sie durchlebte in der Erinnerung die Gefühle eines achtjährigen Mädchens, das von einem Nazi an einem Massengrab erschossen wurde. Einer der Patienten von Roger Woolger, dem eine steife Nacken- und Schulterpartie Beschwerden verursachte, erinnerte sich, ein holländischer Maler gewesen zu sein, der sich erhängt hatte.

Solche ›Erinnerungen‹ haben oft einen heilsamen Effekt. Viele psychische und auch einige körperliche Erkrankungen scheinen von Traumata herzurühren, die anscheinend in früheren Leben entstanden sind. Sich an solche Erlebnisse zu erinnern und sie wieder zu durchleben, löst die sogenannten ›karmischen Verknüpfungen‹, d. h. Angst- und Schuldgefühle, die aus früheren Leben mitgeführt wurden. Einige Wissenschaftler bezweifeln allerdings, daß die Bilder die Betroffenen ›von außen‹ auf paranomalem Wege erreichen. In manchen Fällen hatte sich nämlich herausgestellt, daß den Patienten, die sich an ein bestimmtes Ereignis in einem früheren Leben erinnerten, vorher Einzelheiten über beteiligte Personen, Zeit und Ort bekannt gewesen waren. Ist es eventuell möglich, daß die Phantasie im meditativen oder hypnotischen Zustand diese Einzelinformationen ausschmückt und dabei manchmal veritable historische Romane hervorbringt?

Mit dieser skeptischen Betrachtungsweise kann man aber nicht alle Fälle erklären. Einige Patienten nannten in der Regressionstherapie Fakten, die ihnen vorher nicht zugänglich gewesen sein konnten, z. B. völlig entlegene historische und geographische Einzelheiten, die später verifiziert werden konnten. Die bemerkenswertesten Fälle sind die, bei denen der Patient in einer fremden Sprache spricht, die er vorher nicht beherrschte. Dieses »Xenoglossie« genannte Phänomen kann nicht mit der zufälligen Kenntnis einiger Teile der betreffenden Sprache erklärt werden. In mehreren, sorgfältig dokumentierten Fällen unterhielten hypnotisierte Personen sich während einer Regressionssitzung fließend mit Personen, die die fremde Sprache beherrschten.

Das Interesse der Neurowissenschaftler an den physiologischen Zuständen, in denen solche ungewöhnlichen Erlebnisse berichtet werden, wächst. So hat Pribram beispielsweise festgestellt, daß die Inhalte des Bewußtseins bislang nicht hinreichend beschrieben sind, weder mit der ›Qualität‹ von Gefühlen der Bekanntheit oder Neuheit, die die Grundlage für das episodische und das erzählende Bewußtsein, wie er es nennt, darstellen, noch mit Werten des außerkörperlichen und des körperlichen Bewußtseins. Die esoterische Tradition in der westlichen Kultur und die mystischen Traditionen des Ostens, führt er aus, sind voller Beispiele für ungewöhnliche Erfahrungszustände, die ungewöhnliche Erfahrungsinhalte erzeugen, und die Art und Weise, wie das Gehirn diese Inhalte verarbeitet, unterscheidet sich von der normalen Wahrnehmungs- und Gefühlsverarbeitung. Pribram schlug vor, solche »spirituellen Inhalte des Bewußtseins« als Ergebnis eines bestimmten zerebralen Prozesses anzusehen: einer erregenden Wirkung des fronto-limbischen Hirnsystems auf die dendritischen Mikroprozesse, die für die Rezeptorfelder der Hirnrinde charakteristisch sind.*

Blutg[illegible]

* Um diese These nachvollziehen zu können, muß man wissen, daß in

Esoterische Erfahrungen können zweifelsohne *im* Gehirn erzeugt werden, aber wenn sie nur *vom* Gehirn erzeugt werden, sind sie nicht bemerkenswerter als Tagträume. Es scheint aber, daß einige esoterische Erfahrungen transpersonaler Natur sind und sich nicht auf die Personen, die sie erleben, beschränken. Erfahrungen dieser Art legen nahe, daß zwischen verschiedenen Personen Nachrichten übermittelt werden können; sie sind esoterisch, weil das Senden und Empfangen dieser Nachrichten

der von Pribram entwickelten »holonomen« Theorie des Gehirns die Makro- und die Mikroorganisation der kortikalen Neuronen in den extrinsischen (äußeren) Systemen der Struktur eines vielfachen Hologramms ähnelt. Bei der gewöhnlichen Wahrnehmung werden die sonst unbegrenzten Fourier-Transformierten von einer Gaußschen Hüllkurve begrenzt, so daß Gábor-Transformationen vorliegen. (Dennis Gábor wies nach, daß die in einem holografischen Wellen-Interferenzmuster verschlüsselten Informationen auf spezifische Weise begrenzt werden können. Daher sind die Transformationen, die den unendlichen Wertebereich der Fourier-Transformation begrenzen, nach ihm benannt.) Dies sind die codierenden und decodierenden Transformationen, die von der holonomen Theorie dem Gehirn zugeschrieben werden. Die Aufnahmefähigkeit der Gáborschen holografischen Anteile wird von der Anatomie der Hirnzellen begrenzt. Das bedeutet, daß die kortikalen Anteile in bestimmter Weise auf gewisse Wellenfrequenzen ›abgestimmt‹ sind, ganz ähnlich wie eine Violinsaite auf eine bestimmte Tonhöhe gestimmt wird. Aber im Gegensatz zur Violinsaite, deren Tonhöhe variabel ist, ist die Abstimmung der holografischen Hirnareale anatomisch festgelegt. Dies hat zur Folge, daß die betreffenden kortikalen Gebiete nur auf eine einzelne gegebene Wellenfrequenz reagieren können und auf keine andere. Pribrams Experimente zeigen, daß die elektrische Erregung frontaler und limbischer Hirnstrukturen nicht völlig der Gaußschen Begrenzung unterliegt. Obwohl verarbeitende Hirnprozesse während normaler Erregungsniveaus des fronto-limbischen Systems das gewöhnliche Erfahrungsbewußtsein erzeugen, wird die bewußte Erfahrung von unbegrenzten holografischen Prozessen dominiert, sobald die fronto-limbische Erregung einen bestimmten Schwellenwert überschreitet. Das Ergebnis ist eine zeitlose, raumlose und ursachenfreie ›ozeanische‹ Empfindung.

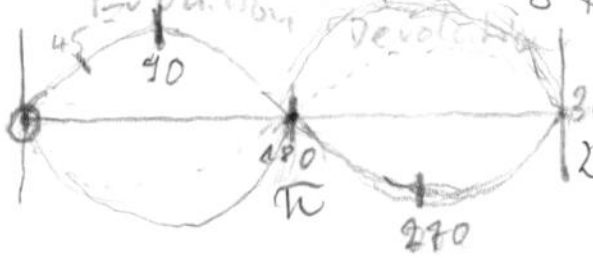

ohne Beteiligung der normalen Sinnesorgane vor sich geht. Solche Phänomene sind weiter verbreitet, als gemeinhin angenommen wird.

Aufmerksame Chronisten haben festgestellt, daß verschiedene Menschen an verschiedenen Orten zum ungefähr selben Zeitpunkt dieselben bahnbrechenden Einsichten gewonnen haben. Simultane Einsichten hat es auch in der Wissenschaft selbst gegeben; zu den berühmtesten zählen die gleichzeitige, voneinander unabhängige Entdeckung der Infinitesimalrechnung durch Newton und Leibniz, die Ausarbeitung der grundlegenden Mechanismen der biologischen Evolution durch Darwin und Wallace, die Erfindung des Telefons von Bell und Grey im gleichen Zeitraum.

Gelegentlich haben simultane Einsichten auch die Grenzen zwischen Wissenschaft und Kunst überwunden. Als Newton ein Prisma benutzte, um die Lichtstrahlen zu zerlegen, die durch das Fenster seiner Wohnung in Cambridge fielen, erforschten Vermeer und andere flämische Maler die Natur des Lichts, das durch farbige Fenster und Türeinsätze fiel. Während Maxwell seine elektromagnetische Theorie formulierte, nach der das Licht als elektromagnetische Welle beschrieben werden kann, malte Turner das Licht als Wirbel. Physiker haben in den letzten Jahren im Rahmen der großen ›Vereinheitlichungstheorien‹ mehrdimensionale Räume erforscht; gleichzeitig, und anscheinend völlig unabhängig davon, begannen Avantgardekünstler auf ihrer Leinwand mit optischen Überlagerungen zu experimentieren, wobei sie bis zu sieben verschiedene Raumdimensionen darstellten. Raum und Zeit, Licht und Schwerkraft, Energie und Masse, alles ist von Künstlern und von Wissenschaftlern untersucht worden, manchmal zur selben Zeit, manchmal aufeinanderfolgend, aber in den seltensten Fällen, wenn überhaupt, hatte einer von der Arbeit des anderen Kenntnis. Viele Künstler spiegelten völlig neue Konzepte, auf die die Physik und andere Wissenschaften stießen, einige wenige Künstler konnten sie sogar vorhersehen, ohne daß sie von der Wissenschaft und den Anliegen der Forscher irgend etwas wußten.

Allem Anschein nach können Einsichten nicht nur von einem Individuum oder einem Kulturbereich zum anderen überspringen, sondern auch von einer Kultur zu einer anderen. Riesige Pyramiden mit bemerkenswerten baulichen Übereinstimmungen sind sowohl in Ägypten als auch im präkolumbischen Amerika entstanden; Kunsthandwerk, wie zum Beispiel das Töpfern, hat in allen Kulturen zu ähnlichen Formen geführt. Die Technik des Feuermachens hat in den verschiedenen Teilen der Welt ähnlich geartete Werkzeuge hervorgebracht. Auch wenn jede Kultur ihre eigenen Ausschmückungen hinzufügte, haben Azteken und Etrusker, Zulus und Malaysier, frühe Inder und Chinesen ihre Werkzeuge und ihre Monumente dennoch gestaltet, als folgten sie einem gemeinsamen Muster oder Archetyp.

Ganze Kulturen kamen zur selben Zeit, fast oder völlig unabhängig voneinander, zur Blüte. Die großen Durchbrüche der klassischen hebräischen, griechischen, chinesischen und indischen Kulturen geschahen – räumlich weit voneinander entfernt – im selben Zeitraum. Die große hebräische Prophetie hatte ihre Blütezeit in Palästina zwischen 700 und 500 v. Chr.; in Indien wurden die frühen Upanishaden zwischen 660 und 550 v. Chr. geschrieben, und Siddharta, der Buddha, lebte dort von 563 bis 487 v. Chr.; in China lehrte Konfuzius zwischen 551 und 479 v. Chr.; im hellenistischen Griechenland lebte Sokrates von 469 bis 399 v. Chr. Zur selben Zeit, als die hellenistischen Philosophen mit der platonischen und aristotelischen Philosophie die Grundlagen der westlichen Kultur legten, begründeten die chinesischen Philosophen mit den konfuzianischen, taoistischen und legalistischen Lehren die gedankliche Basis der fernöstlichen Kultur. Während im Griechenland der Zeit nach den peloponnesischen Kriegen Plato seine Akademie und Aristoteles sein Lyzeum gründeten, ganze Scharen wandernder Sophisten dort lehrten, Könige, Tyrannen und Bürger berieten, gründeten die ebenso rastlosen und einfallsreichen »Shih« in China Schulen, belehrten große Menschenmengen, verankerten ihre Lehren und lavierten gegen Ende der Zeit der Streitenden Reiche zwischen den ränkeschmiedenden Prinzen.

Botschaften, die zwischen Menschen auf anderem Wege als über die Sinnesorgane ausgetauscht werden, werden als Fälle außersinnlicher Wahrnehmung (ASW) angesehen. ASW, besonders in der leichter nachzuweisenden Form der Telepathie, bei der ein Sender einem Empfänger ohne Beteiligung der Sinnesorgane eine Botschaft zukommen läßt, ist wissenschaftlich untersucht worden. Es besteht kaum ein Zweifel, daß bestimmte Fälle von Telepathie real sind, und daß es andere Formen der ASW gibt. Man hat versucht, diese Ereignisse mit Hilfe von heimlichen Zeichen, manipulierten Geräten, Betrug durch die Versuchspersonen sowie Fehler und Unzulänglichkeiten des Versuchsleiters zu erklären, aber es hat sich herausgestellt, daß diese Erklärungen für eine statistisch relevante Anzahl von Fällen nicht zutreffen.

Die wissenschaftliche Untersuchung von ASW geht auf J. B. Rhines bahnbrechende – obwohl auch umstrittene – Experimente an der Duke University in den dreißiger Jahren zurück. In jüngerer Zeit sind die Experimentiervorschriften sehr streng geworden; oftmals werden die Experimente von Physikern und Psychologen gemeinsam entworfen. Einige der bekanntesten Experimente zur Gedanken- und Bildübertragung sind in den Siebzigern von zwei Physikern, Russel Targ und Harold Puthoff, am Stanford Research Institut durchgeführt worden.

Targ und Puthoff wollten die Echtheit telepathischer Übertragung zwischen zwei Personen, bei denen eine Person als ›Sender‹ und die andere als ›Empfänger‹ fungieren sollte, beweisen. Der Empfänger wurde in einen abgeschlossenen und elektrisch abgeschirmten Raum gebracht. Der Sender wurde in einem anderen Raum untergebracht und in regelmäßigen Abständen hellen Lichtblitzen ausgesetzt. Die Gehirnwellen beider wurden im Elektroenzephalogramm (EEG) aufgezeichnet. Die Hirnwellenkurve des Senders wies erwartungsgemäß jene Ausschläge auf, die beim Anblick starker Lichtblitze auftreten. Nach einer Weile zeigten die Gehirnwellen des Empfängers das gleiche Muster, obwohl dieser keiner Lichteinwirkung ausgesetzt war und vom Sender keine sinnlich wahrnehmbaren Signale erhielt.

Als nächstes entwarfen die Forscher sogenannte Fernwahrnehmungsexperimente. Bei diesen Experimenten waren Sender und Empfänger so weit voneinander entfernt, daß jede direkte Kommunikation ausgeschlossen war. An einem bestimmten, zufällig ausgesuchten Ort konzentrierte sich der Sender auf seine Umgebung und fungierte als eine Art geistiger ›Leuchtturm‹; der Empfänger seinerseits versuchte, das Bild wahrzunehmen, das der Sender betrachtete. Zur Dokumentation seiner Eindrücke beschrieb der Empfänger diese mit Worten und fertigte in einigen Fällen auch eine Skizze an. Unabhängige Gutachter, die die Beschreibungen des Empfängers mit den tatsächlichen Gegebenheiten des vom Sender betrachteten Ortes verglichen, fanden eine Übereinstimmung von durchschnittlich 66 %.

Fernwahrnehmungsexperimente, die von anderen Forschern durchgeführt wurden, umfaßten Entfernungen von einem Kilometer bis zu einigen tausend Kilometern. Unabhängig davon, wo und von wem solche Versuche durchgeführt wurden, betrug die Erfolgsquote etwa 50 % und lag damit beträchtlich über der Zufallswahrscheinlichkeit. Die erfolgreichsten Versuchspersonen schienen diejenigen zu sein, die entspannt, aufmerksam und meditativ waren. Ihren Berichten zufolge empfingen sie zunächst nur einen Eindruck von einer sanften und fließenden Form, die sich allmählich zu einem vollständigen Bild entwickelte. Sie empfanden das so entstandene Bild als in zweifacher Hinsicht überraschend: weil es sehr deutlich war, und weil es sich ebenso eindeutig anderswo befand.

Auch wenn der Empfänger schläft, lassen sich Bilder an ihn übertragen. Stanley Krippner und seine Mitarbeiter führten über mehrere Jahrzehnte Traum-ASW-Experimente im Dream Laboratory des Maimonides Hospitals in New York durch. Der Experimentverlauf erfolgte nach einem einfachen, aber sehr wirkungsvollen Plan. Die Versuchsperson, die die Nacht im Traumlabor verbringen sollte, wurde zunächst mit dem ›Sender‹ und den Versuchsleitern bekannt gemacht und in den Versuchsablauf eingeführt. Am Kopf des Empfängers wurden Elektroden angebracht, um die Hirnwellenmuster und die Augenbewegungen aufzuzeichnen; bis zum nächsten Morgen bestand kein Kontakt mehr zum Sender. Durch Würfeln und eine Zufallszahlentabelle wurde vom Versuchsleiter eine

Zahl bestimmt, und ein verschlossener, mit dieser Zahl versehener Umschlag, der einen Kunstdruck enthielt, wurde dem Sender ausgehändigt. Nachdem der Sender sein Einzelzimmer in einem entfernten Teil des Krankenhauses erreicht hatte, öffnete er den Umschlag. Die folgende Nacht verbrachte der Sender damit, sich auf das darin liegende Bild zu konzentrieren.

Die Versuchsleiter, die einander bei der Beobachtung der Meßwerte abwechselten, weckten die Versuchsperson, die als Empfänger fungierte, nach jeder REM-Phase (engl. rapid eye movement; schnelle Augenbewegungen). Die Versuchsperson wurde aufgefordert, über den wahrscheinlich unmittelbar zuvor abgelaufenen Traum zu berichten. Der Bericht wurde auf Tonband aufgezeichnet, ebenso wie ein Interview am folgenden Morgen, in dem die Versuchsperson nach zusätzlichen Assoziationen zum erinnerten Trauminhalt gefragt wird. Das Interview wurde nach dem Doppelblindprinzip durchgeführt, d. h. weder Versuchspersonen noch Versuchsleiter wußten, welcher Kunstdruck am Abend zuvor ausgewählt worden war.

Aus der experimentellen Serie von 1964 bis 1969 ergaben sich insgesamt 62 Datenblätter, die sich auf die jeweils erste Versuchsnacht einer Person bezogen. Die Auswertung der Daten ergab eine signifikante Korrelation zwischen der für die jeweilige Nacht ausgewählten Abbildung und den Träumen des Empfängers. Wenn man die Ergebnisse in vier Kategorien einteilt, ergibt sich folgendes Bild: In 18 Fällen war die Korrelation sehr hoch, in 29 Fällen hoch; niedrig war sie in 7 Fällen, und in 8 Fällen gab es wenig bzw. keine Korrelation. Ein Gesamtergebnis, das sich nicht mit dem Zufall erklären läßt.

Es hat weitere kontrollierte, stationär durchgeführte

Experimente zur außersinnlichen Informationsübermittlung gegeben, und die Ergebnisse waren teilweise sogar noch verblüffender. So wurden in einigen Fällen nicht Gedanken oder Bilder, sondern anscheinend eine heilende Wirkung übertragen. Der Kardiologe Randolph Byrd, vormals Professor an der University of California, führte eine zehnmonatige, computerunterstützte Studie der Krankengeschichten von Herzpatienten des San Francisco General Hospitals durch. Byrd stellte eine Gruppe zusammen, deren Mitglieder aufgefordert wurden, für die Gesundung einer Gruppe von 192 Patienten zu beten; die Kontrollgruppe bestand aus 210 Patienten. Die Rahmenbedingungen waren genauestens festgelegt: Die Auswahl erfolgte zufällig, und das Experiment wurde doppelblind durchgeführt, weder Patienten noch Ärzte und Schwestern wußten, welcher Patient zu welcher Gruppe gehörte. Die Gruppe, die man für die Gebete zusammengestellt hatte, bestand aus Mitgliedern katholischer und protestantischer Gemeinden aus dem Umland. Man nannte ihnen den Namen des Patienten, schilderte ihnen den Gesundheitszustand und bat sie, jeden Tag für ihn zu beten. Es wurde ihnen nicht vorgeschrieben, wie sie beten sollten. Da jeder aus der Gruppe für mehrere Patienten beten konnte, kamen auf jeden Patienten fünf bis sieben Personen, die für ihn beteten. Es stellte sich heraus, daß Patienten in der Gruppe, für die gebetet wurde, fünfmal weniger Antibiotika benötigten als die Patienten der Kontrollgruppe (3–16); die Wahrscheinlichkeit, ein Lungenödem zu bekommen, sank um ein dreifaches (3–18); 12 Patienten der Kontrollgruppe mußten intubiert werden, in der Versuchsgruppe nicht einer; und in der Versuchsgruppe starben weniger Patienten als in der Kontrollgruppe (dieses Einzelergebnis ist allerdings statistisch nicht relevant).

Dabei hatte die Nähe oder Entfernung des Betenden zum Patienten keine Auswirkung, ebensowenig wie die Art des Betens. Eine Wirkung hatten nur die konzentrierten und wiederholten Gebete, unabhängig davon, an wen sie gerichtet waren und wo sie gesprochen wurden. Diese Ergebnisse stimmen mit dem sogenannten »Maharischi-Effekt« überein: dem heilenden Effekt von Meditation (und Meditierenden) auf eine Gemeinschaft. Maharischi Mahesch Jogi hat 1974 die These aufgestellt, daß, wenn nur ein Prozent der Bevölkerung regelmäßig meditierte, die übrigen 99 % davon ebenfalls profitieren würden. Seitdem haben statistische Untersuchungen von Garland Landrith, David Orme-Johnson und anderen gezeigt, daß er möglicherweise recht hat. Es scheint eine überdurchschnittlich hohe Korrelation zu bestehen zwischen der Anzahl meditierender Gemeindemitglieder und den Verbrechensraten der Gemeinde, Verkehrs- und anderen Unfällen, Alkoholtoten und sogar dem Grad der Umweltverschmutzung.

Eine italienische Forschergruppe hat mit Hilfe eines »Gehirn-Holotesters«, einem EEG-Aufzeichnungsgerät, das den Grad der Übereinstimmung der elektrischen Erregung des Gehirns bei mehreren Personen mißt, das oben beschriebene Phänomen bestätigt. Experimente, die 1992 in Rom durchgeführt wurden, ergaben nicht nur, daß die linke und die rechte Hirnhälfte eines Meditierenden in hohem Maße synchronisiert sind, sondern auch, daß die Hirnkurven verschiedener Personen fast identisch sind, wenn diese gemeinsam meditieren, bei geschlossenen Augen und ohne Informationsaustausch. Die Ergebnisse von Untersuchungen der Gruppe in Indien legen den Schluß nahe, daß bei einer Gruppenmeditation ein sogenanntes »Buddha-Feld« entsteht: ein Bewußtseinsfeld mit großer

Empathie, das durch die Synchronisation der Gehirnfunktionen vieler Personen charakterisiert wird.

Daniel Benor, ein amerikanischer Psychiater, hat viele ähnliche Experimente untersucht und fand, daß die meisten Ergebnisse nicht durch reinen Zufall erklärbar sind. Solche Phänomene stellen die Wissenschaft und den gesunden Menschenverstand vor ein Rätsel. Allerdings sind sie nicht weniger rätselhaft als das Verhalten subatomarer Teilchen und die Entstehung und Regeneration lebender Organismen. Deshalb sollten sie gleichberechtigte Gegenstände wissenschaftlicher Forschung sein. Daß die überwiegende Zahl der Wissenschaftler sich für diese Phänomene nicht interessiert, scheint darauf hinzudeuten, daß die gegenwärtige Wissenschaftsauffassung für sie keine Erklärungen bereithält. Diese Tatsache allerdings ist ein Defizit der gegenwärtigen Wissenschaftsauffassung, das nicht unaufholbar ist.

V. Konturen einer neuen Sicht

Die zeitgenössische Wissenschaft entwickelt sich mit rasanter Geschwindigkeit. Die Transformation, die heute stattfindet, umfaßt nicht nur eine wissenschaftliche Disziplin wie bei den ›normalen‹ Revolutionen der Vergangenheit, sondern überschreitet die Grenzen zwischen Natur- und Geisteswissenschaften. Die Grenzüberschreitung ist notwendig geworden, weil viele Phänomene sich als wesentlich komplexer als erwartet herausgestellt haben. Die klassischen Formeln konnten nur dann mit komplexen Ganzheiten umgehen, wenn diese sich in einfache Einzelteile zerlegen ließen, deren Beziehungen zueinander sich nur langsam und allmählich veränderten. Leider erwies sich die Zerlegbarkeit und Linearität der Wirklichkeit eher als die Ausnahme als die Regel. Ebensowenig wie zehn Schmerztabletten fünfmal schneller als zwei die Kopfschmerzen beseitigen, und vierzig Grad nicht doppelt so angenehm sind wie zwanzig Grad, ist das Ergebnis der Verdopplung eines Unternehmenskapitals nicht unbedingt eine Verdopplung der Profite, und die doppelte Menge Düngemittel auf ein beackertes Feld aufzubringen, bedeutet mit Sicherheit in der Folge nicht die Verdopplung des Ertrags. Werden bestimmte Phänomene mit ausgefeilten Methoden erforscht, stellt sich in den allermeisten Fällen heraus, daß es sich um eng zusammenhängende, nichtlineare Vorgänge handelt. Sie geben vielfache Rückmeldungen, weisen Selbstbezug, plötzliche und unumkehrbare Transformationen auf und zeigen die subtilen und teilweise unvorhersagbaren Anordnungen, die mit den Zuständen von Turbulenz und Chaos verbunden sind.

Obwohl die atomistischen und reduktionistischen Ansätze in der Geschichte der Wissenschaft wichtige Ergebnisse erzielt haben, sind sie im jetzigen Stadium der wissenschaftlichen Durchdringung der Wirklichkeit überholt. Im Bereich der Physik ist die Rekonstruktion der materiellen Wirklichkeit aus letzten Bausteinen schon aufgegeben worden: nicht nur, weil Atome und Atomkerne sich als teilbar herausgestellt haben und es sich deshalb bei ihnen nicht um die letzten Bausteine der physikalischen Realität handeln kann, sondern auch weil sich erwiesen hat, daß es auf der subatomaren Ebene eine Vielzahl von Einheiten gibt, die durch komplexe Interaktionen mit universellen Kräften und Feldern seltsame Wege gehen. Auch in anderen Wissenschaftsbereichen werden reduktionistische Ansätze aufgegeben. Es ist nicht sinnvoll, Ökosysteme im Hinblick auf das Verhalten einzelner Organismen oder Organismen im Hinblick auf das Verhalten einzelner Zellen zu untersuchen. Obwohl einige Bereiche der Sozialwissenschaften bei dieser Entwicklung noch zurückliegen, verschiebt sich in fast allen Forschungsbereichen die Aufmerksamkeit von den Einzelheiten zur integrierten Gesamtheit, in die diese Einzelheiten eingebettet sind.

Der Versuch, die Eigenschaften eines beobachteten Phänomens durch die Addition der Eigenschaften einzelner Teile zu konstruieren, wird von einer anderen Vorgehensweise abgelöst. Wissenschaftler leiten die Eigenschaften der Teile von ihrer Funktion innerhalb eines integrierten Ganzen ab. In den neuen ›komplexen‹ Wissenschaften – Kybernetik, allgemeine Systemtheorie, Ungleichgewichts-Thermodynamik, nichtlineare Dynamik, allgemeine Evolutionstheorie und Selbstorganisations- und Chaostheorien – werden komplexe Phänomene und die ihnen eigene

Dynamik erfaßt und, wenn möglich, mit Hilfe von Computerprogrammen simuliert.

Die Analyse von Einzelheiten in ihrer Komplexität, den ihnen eigenen Strukturen und Dynamiken, die sie als geordnete Ganzheiten aufweisen, bedeutet einen tiefgreifenden Wandel der wissenschaftlichen Methode. Die Konsequenzen für die wissenschaftliche Sichtweise der Welt sind offensichtlich. In fortschrittlichen Kreisen der Wissenschaft wird die natürliche Welt nicht mehr als riesiger *Mechanismus* angesehen, sondern mehr und mehr als ein großer *Organismus*: ein sich selbst organisierendes System, das als ein nicht reduzierbares Ganzes funktioniert, obwohl es aus vielen Ebenen und vielen Einzelkomponenten besteht.

Der heute erlebte Paradigmenwechsel von den zerlegbaren linearen Systemen der klassischen Mechanik hin zu den zusammenhängenden, nichtlinearen, dynamischen Systemen der neuen Wissenschaften bedeutet nicht das Ende einer Epoche schnellen wissenschaftlichen Fortschritts; es ist vielmehr der Anfang eines Prozesses, der weitere Überraschungen und Transformationen bereithält. Diese neue Phase beginnt, weil Physiker, Biologen und Hirnforscher trotz vieler Erfolge bei der Erklärung sehr komplexer Phänomene sich einer wachsenden Anzahl von ungelösten Rätseln gegenübersehen. Dadurch geraten die bestehenden Theoriegebäude immer mehr unter Druck. Während eine neue Wissenschaftlergeneration nach alternativen Konzepten und Erklärungen sucht, beginnen die klassischen Theoriegebäude unter dem Druck zu wanken.

Die neue Herausforderung

Die ungelösten Rätsel von Materie, Leben und Geist stellen die größte Herausforderung an die Wissenschaft dar. Diese Rätsel können nur gelöst werden, wenn die bestehenden akzeptierten Standardtheorien weiterentwickelt und vervollständigt werden.

– *Materie* kann, wie wir gesehen haben, kaum als Menge unabhängiger Teilchen und Bröckchen einer materiellen Wirklichkeit erfahren werden. Sie wird nur erfahrbar als eine Komponente eines sich entwickelnden Systems, des Systems des gesamten Universums.

– *Organismen* bieten ein widersprüchliches Bild, wenn sie als getrennte, durch Haut begrenzte Einheiten gesehen werden, die durch isoliertes und zufällig mutiertes Erbmaterial Körper hervorbringen, welche den Launen der natürlichen Selektion ausgesetzt sind. Aber ein Konzept, das von der Verknüpfung von Organismus und Umgebung ausgeht, scheint vielversprechend, ein Konzept der organischen Selbstevolution im übergreifenden Kontext der Biosphäre.

– Die Rätsel des Gehirns und des Geistes sind nur dann seltsam und paradox, wenn sie als das Produkt einer in einem einzelnen Schädel abgeschlossenen Einheit betrachtet werden. Gehirn und Geist eines Menschen sind eng mit denen anderer verknüpft, nicht nur durch die bereits recht gut verstandenen Prozesse der sinnlichen Wahrnehmung, sondern auch durch eine ganze Reihe rätselhafter – aber unzweifelhaft existierender – Intuitionen und Erinnerungen.

Auch im Hinblick auf die engen Verknüpfungen der wesentlichen Phänomene scheint die natürliche Welt einem großen Organismus zu ähneln. In allen Bereichen der Forschung und Erfahrung – Physik, Biologie und Psychologie – scheint es einen verbindenden Faktor zu geben. Wenn es keine Verbindungen gegeben hätte, könnten wir heute nicht damit rechnen, im physikalischen Universum auf etwas anderes als auf bloßen Wasserstoff und Helium zu stoßen; wir müßten die Existenz komplexer Systeme, wie jene, die Leben ermöglichen, einem völlig unerklärlichen Glücksfall – oder dem Willen eines allmächtigen Schöpfers – zuschreiben. Auch die Evolution biologischer Systeme, ihre Entstehung und Erhaltung, würde nach einer Erklärung in Form geheimnisvoller ›Baupläne‹ oder anderer metaphysischer Faktoren verlangen, anstelle der akzeptierten wissenschaftlichen Konzepte, die auf den beobachtbaren Eigenschaften der Natur beruhen. Im Bereich des Geistes müßte die Wissenschaft eine ganze Reihe bemerkenswerter Erfahrungen als unwahr und ernsthafter Erforschung unwürdig abtun.

Solange Wissenschaftler sich auf kleine quasilineare und deterministische Teilsysteme konzentrierten, konnten sie komplexere Systeme nicht verstehen. Jetzt, da sie mehr Einblick in das Verhalten solcher Systeme gewinnen, begegnen sie immer mehr ungelösten Rätseln, die darauf hindeuten, daß es Verknüpfungen über die bekannten Grenzen von Raum und Zeit hinaus gibt. Die nächste große Veränderung wird ausgelöst werden, weil diese Verknüpfungen nach einer Erklärung verlangen.

Der Notwendigkeit, einen Verknüpfungsfaktor in die gegenwärtigen wissenschaftlichen Theorien zu integrieren, kann entsprochen werden: Die erforderlichen Konzepte sind bekannt. Wissenschaftler können Verknüpfungen handhaben, auch ohne umstrittene Vorstellungen wie die von der »Fernwirkung« zu bemühen. Wenn ein Ereignis am Ort A mit einem anderen Ereignis am Ort B verknüpft ist, so daß eine Veränderung bei A eine Veränderung bei B zur Folge hat, gehen Wissenschaftler von der Existenz eines kontinuierlichen Mediums aus, das diesen Effekt von A nach B übermittelt. Man kann sich dieses Medium als eine Art Feld vorstellen.

In der Physik des 18. Jahrhunderts herrschte die Auffassung, daß – gemäß der Gravitationstheorie Newtons – Felder Ereignisse an verschiedenen Orten im Raum verbanden: Gravitationsereignisse fanden in einem Gravitationsfeld statt. 1849 wurde die Feldvorstellung von der Gravitation auch auf die Elektrizität und den Magnetismus übertragen. Michael Faraday ersetzte die direkte Interaktion von elektrischer Ladung und Strömen durch die Interaktion von elektrischen und magnetischen Feldern, die von allen Ladungen und Strömen, die zu einem Zeitpunkt existieren, erzeugt werden. Einige Jahre später formulierte James Clerk Maxwell die elektromagnetische Theorie des Lichts – in Form eines Feldes, in dem elektromagnetische Wellen sich mit endlicher Geschwindigkeit bewegen. Einstein hat in den dreißiger Jahren zu diesem Konzept bemerkt, es stelle die »größte Veränderung ... unserer Auffassung von der Struktur des Realen seit der Begründung der theoretischen Physik durch Newton« dar.

Heute unterscheiden Wissenschaftler eine Vielzahl von Feldern. So gibt es lokale Felder, die von Körpern im Raum erzeugt werden: das Strömungsfeld in einer bewegten Flüssigkeit, die elektrischen Felder geladener Körper, die magnetischen Felder von Magneten und das Spannungsfeld für die mechanische Spannung in einem zusammengepreßten festen Körper. Solche Felder strahlen von den Körpern, von denen sie erzeugt werden, in die Umgebung aus. Mit zunehmender Entfernung verringert sich ihre Auswirkung. Allerdings stammen nicht alle Felder von lokalen Körpern; es gibt universelle Felder, die überall im Raum wirksam sind. Das Gravitationsfeld ist ein solches Feld, ebenso wie Maxwells elektromagnetisches Feld, das an jedem Punkt im Universum existiert. Universelle Felder interagieren mit Materie jeder Größenordnung, von der subatomaren bis zur galaktischen Ebene. In modernen Kosmologien beispielsweise ist die Ausdehnungsgeschwindigkeit des Universums von der Auswirkung des Gravitationsfeldes auf die Fluchtgeschwindigkeit der Galaxien abhängig; in der Quantenfeldtheorie wird die Interaktion von Elektronen dem Austausch von Photonen innerhalb des elektromagnetischen Feldes zugeschrieben.

Die Verknüpfung von Phänomenen in der Natur legt die Existenz eines universellen Feldes mit raum- und zeitbindenden Eigenschaften nahe. Die Existenz eines solchen Feldes in den Bereichen Materie, Biologie, Leben und Geist könnte viele der Rätsel erklären, die jetzt das klassische wissenschaftliche Vorgehen überfordern. Die beobachteten Verknüpfungen könnten auf ein Feld zurückgeführt werden, das neben der Gravitation, dem Elektromagnetismus und der schwachen und starken Kernkraft das fünfte elementare Feld in der Natur bildet.

Die Aufgabe, den Verknüpfungsfaktor in die gegenwärtigen Theorien zu integrieren, ist am Ende wohl die Herausforderung, den Ursprung und das Wesen jenes raum- und zeitbindenden »Fünften Feldes« zu entdecken.

Das expandierende-kollabierende Universum

Das Auftreten von Systemtheorien und Methodologien seit den fünfziger Jahren und einer Anzahl von Feldtheorien in den letzten Jahren zeigt einen Kurs an, der bald auch in die etablierten Wissenschaften Eingang finden wird. Trotz der Widerstände konservativer wissenschaftlicher Kreise wird er sich in nicht allzu langer Zeit durchsetzen und die jetzt vorherrschende Sichtweise der Wissenschaft verändern. Die neue Sichtweise wird der beobachteten Wirklichkeit besser entsprechen als die alte und eine größere Bedeutung für das menschliche Leben und die menschliche Erfahrung haben. Obwohl die Einzelheiten dieser neuen Sichtweise noch ausgearbeitet werden müssen, können ihre Konturen schon aufgezeigt werden.

Bitte stellen Sie sich ein zeitloses Universum vor, eine reine Struktur, in dem es keine ›Dinge‹ gibt, das aber in ständiger Bewegung ist. Es ist ein ruhelos fluktuierendes ›Hypervakuum‹, das nur aus reiner, potentieller Energie besteht. Es ist unvorstellbar konzentriert und äonenlang relativ ruhig. Plötzlich bildet eine der Vakuumfluktuationen einen Kern, und die geballte Energie dieses Kerns explodiert in das bekannte Universum. Innerhalb von Nanosekunden wird das Gebiet um den Kern herum glühend heiß und bläht sich zum Milliardenfachen seiner ursprünglichen Größe auf. Das neu entstandene Universum fliegt auseinander, und während es sich ausdehnt, kühlt es sich ab. Das kontinuierliche Feld fluktuierender potentieller Energie bricht an Myriaden von Stellen auf, an denen Knotenpunkte aktualisierter Energie entstehen. Es bilden sich gegensätzlich geladene Knotenpunktpaare, und wenn zwei Knotenpunkte mit gegensätzlicher Ladung aufeinandertreffen, vernichten sie sich gegenseitig. Einige von ihnen können allerdings entkommen und etablieren sich in Raum und Zeit. Damit ist das beobachtete Materie-Energie-Universum geboren.

Die Knotenpunkte der aktualisierten Materie-Energie verbinden sich zu größeren Formationen, die die Zeit überdauern und sich im Raum wiederholen. Die überdauernden Knotenpunkte interagieren in dem sich ausdehnenden Energiefeld und verformen es durch ihre Anwesenheit. Sie sind, dem Einsteinschen Konzept zufolge, »elektromagnetische Störungen« in einer mit fluktuierender potentieller Energie angefüllten Raumzeit.

Die Knotenpunkte sind ungleichmäßig in der Raumzeit verteilt. Obwohl sie voneinander getrennt sind, bleiben sie in vielfacher Weise miteinander verbunden. Die Hauptverbindung besteht in Anziehung und Abstoßung, abhängig von der jeweiligen Entfernung zwischen den Punkten. Die Anziehung ist auf alle Entfernungen – außer auf sehr kurze Distanz – die dominante Form der Verbundenheit; deshalb bewegen sich Punkte, die relativ dicht beieinander liegen, aufeinander zu. Dabei werden viele von ihnen auf so engem Raum zusammengedrängt, daß die Anziehung einer anderen Form der Interaktion weicht: Nicht nur die Abstoßung, auch andere, nämlich nukleare Kräfte kommen ins Spiel, binden und strukturieren die Punkte auf verschiedene Weise. Als Folge davon ordnen sich die Knotenpunkte zu Einheiten an, die ihre Materie-Energien in immer größeren zusammenhängenden Strukturen ausbalancieren. Einige der so entstehenden Super-Knotenpunkte finden sich untereinander und konfigurieren sich im Laufe der Zeit zu Super-Super-Knotenpunkten.

Jetzt befinden sich an vielen Stellen der sich ausdehnenden kosmischen Raumzeit Materie-Energien, die mehrfach verbunden und komplex strukturiert sind. Riesige

Wolken zusammenhängender Kerne wirbeln umher und verdichten sich unter der Anziehungskraft immer mehr. Es entstehen galaktische Wolken, aus denen wiederum neue Einheiten entstehen: Sterne und Sternensysteme. Schließlich ist das gesamte Feld angefüllt mit Kernen in Kernen und Kernen um Kerne herum, die interagieren und Ordnungen mit empfindlichem Gleichgewicht bilden. Neue Belastungen und Spannungen werden geschaffen; die Raumzeit wird lokal verbogen. Das ganze Universum nimmt den Charakter eines riesigen aktualisierten Masse-Energie-Systems an, das aus dem fluktuierenden Meer potentieller Energie entsteht.

Die entstehenden Kerne bleiben durch die universellen Felder, die ihre Interaktion bestimmen, verbunden. Zusätzlich zu den bekannten Kräften der Anziehung und Abstoßung ›in-formiert‹ ein fünftes Feld die entstehenden Kerne und bringt eine subtile, aber wirksame Tendenz zu Ordnung und Konsistenz in ihre Entwicklungsmuster ein. Folglich nehmen benachbarte Kerne bei ihren Interaktionen ihre Materie-Energien in einer Weise auf, die sich in ihre bereits erlangte Integration einfügt. Die weitere konsistente Integration bereits integrierter Kerne erzeugt immer mehr geordnete Ströme von Materie-Energie, die auf ebenso konsistenten Bahnen entlangfließen. Diese Bahnen sind selbst das Ergebnis der vorhergegangenen Integrationen: Sie sind Materie-Energie-Flüsse eines verfestigten Musters. Jetzt leiten sie frische Energieströme weiter und fungieren im Verhältnis zur ›Funktion‹ als ›Struktur‹. Neue Wellen von Energie, die die geschaffenen Strukturen überkreuzen, bilden weitere neue Bahnen, die sich als zusätzliche Strukturen verfestigen. Und so geht es immer weiter. Der Fluß schafft Strukturen, und die Strukturen leiten neuen Fluß heran. Das Muster fein abgestimmter aktualisierter Energie wird komplexer. Da die Verbindungen zwischen den entstehenden Systemen Selbstbezug ermöglichen, bleibt die entstehende Komplexität in sich konsistent, statt sich in unbegrenzter Vielfalt auszubreiten. Die Ordnung, die im Universum erwächst, ist die Ordnung einer Kathedrale, nicht die eines Müllhaufens.

Die Einheiten, die die Wissenschaft kennt, sind Schnittstellen auf verschiedenen Ordnungs- und Organisationsebenen in der sich selbst strukturierenden Kathedrale der Natur. Die sogenannten *Elementarteilchen* sind kritische Knotenpunkte, die sich aus den quasi-unendlichen virtuellen Energien des Quantenvakuums synthetisiert haben. Diese Teilchen – ihrerseits aus den *Quarks* zusammengesetzt – erschaffen sowohl Materie als auch Kraft im Universum. Im Laufe der Zeit werden einige der Teilchen Bestandteil der ausgeglichenen Energiestruktur eines *Atoms*. Hier wird die positive Energie des Kerns von der negativen Energie der ihn umgebenden Schalen ausgeglichen. Unvollständig besetzte Schalen machen Atome chemisch aktiv, sie können Verbindungen, weitere Integrationen mit anderen Atomen eingehen. Das Ergebnis sind multiatomare Strukturen, chemisch: Moleküle. Innerhalb der Struktur solcher Moleküle führen die Elektronenbindungen sowie die schwächeren Bindungskräfte zur Bildung noch komplexerer Strukturen: *Polymere* und *Kristalle*. Unter günstigen Bedingungen wachsen die Ordnungen in und um solche Strukturen herum noch weiter an, bis zu sehr komplexen organischen Substanzen wie *Proteinen* und *Nukleinsäuren*. Jetzt sind die Bausteine für die Bildung selbstreproduktiver Knotenpunkte auf höherer Ordnungs- und Organisationsebene geschaffen: die *lebenden Zellen*.

Zellen unterhalten einen kontinuierlichen Fluß integrierter Energien innerhalb ihrer Struktur und erzeugen dadurch ein dynamisches Gleichgewicht mit spezifischen Parametern. Die Materie-Energien, die durch eine Gruppe benachbarter Zellen fließen, können sich weiter strukturieren. Wenn dies geschieht, entsteht die multizellulare Struktur eines *Organismus*. Organismen sind daher ebenfalls Muster von Energieflüssen im Gleichgewicht in einem kontinuierlichen komplexen Fluß. Dieser Fluß besteht aus freien Energien, aus Substanzen (bereits geformten Materie-Energien) und aus Information (d.h. aus Energieflüssen, die sich in erkennbare Muster gegliedert haben).

Die Energien, Substanzen und Informationen, die in lebenden Organismen entstehen und in ihnen fließen, können durch zusätzliche geordnete Pfade integriert werden. Ein Energiefluß zwischen Organismen bildet, zusammen mit den Organismen selbst, organische Strukturen höherer Ordnung, die man *Ökosysteme* nennt. Innerhalb dieser umfassenderen Systeme können manche Pfade sich zu Strukturen verfestigen, die von einer einzigen Organismusart gebildet werden: das Ergebnis ist die Bildung eines *sozialen Systems*. Und wo immer interagierende Organismen die Ordnungs- und Organisationsebene erreichen, auf der ein seiner selbst bewußtes Sein entsteht, verschlüsselt das so entstehende System Information in Kommunikationsmustern. Das System, das von ihnen gebildet wird, ist nicht nur sozial, es ist *soziokulturell*.

Im Laufe der Zeit überspannen die Kommunikations- und Informationsstränge den Bereich der Raumzeit, in dem sie auftreten – sie bilden ein eigenes planetenumspannendes System. Das System auf unserem Planeten hat James Lovelock Gaia genannt: die quasi-lebendige Sozio-

Biosphäre. Es wird vom Energiezufluß der Sonne gespeist, und obwohl es den Gesetzen und Regelmäßigkeiten der Lebensformen gehorcht, die in ihm entstanden sind, bleibt es integrierter Teil des Sonnensystems, der Galaxie und des gesamten sich ausdehnenden, abkühlenden und sich ständig – aber wie wir sehen werden, nicht endlos – selbststrukturierenden Universums.

Das ist das Stadium der Evolution, in dem wir uns *hier* und *jetzt* auf unserem Planeten befinden. An anderer Stelle im riesigen kosmischen Raum haben Polymere und Kristalle sich vielleicht nicht in derselben Weise zu Proteinen und Nukleinsäuren vereint, oder sie haben nicht dieselben Formen lebender Zellen hervorgebracht. Die Entwicklung organischen Lebens kann auf anderen Planeten in anderer Weise stattgefunden haben und kann den Grad der Komplexität, bei dem Bewußtsein entsteht, erreicht haben oder auch nicht. Die Wahrscheinlichkeit, daß auf einem der Milliarden Planeten, die eine physikalische Lebensgrundlage bieten, supramolekulare Systeme irgendeiner Ausprägung entstanden sind, ist hoch. Daß diese Organismen jenen ähnlich sein werden, die auf unserem Planeten entstanden sind, steht außer Frage. Die Wahrscheinlichkeit, daß es unter diesen Organismen auch menschenähnliche Wesen gibt, mit einem Bewußtsein, das von sich selbst weiß, ist erheblich geringer, obwohl sie keinesfalls Null ist.

Unabhängig von der Verteilung organischer und supraorganischer Systeme im Kosmos wird das Stadium der kosmischen Evolution, das solche Systeme erlaubt, nicht ewig andauern.

Das Universum entwickelt sich als Ganzes, und in seinem Frühstadium kann es nur Strahlung beherbergen. Sehr bald – Bruchteile von Sekunden nach seiner Entstehung – bietet das Universum auch Lebensraum für Elektronen, Photonen und eine ganze Reihe ähnlicher elementarer Teilchen. Dann ist das Stadium erreicht, in dem stabile Atome sich bilden können, und atomares Material ballt sich zu protogalaktischen Wolken zusammen. Wenn innerhalb entstehender Galaxien Energieflüsse von Sternen auf geeignete Planetenoberflächen (chemisch reich, weder zu heiß noch zu kalt) einwirken, erfolgt der Eintritt in Stadien, die höhere Ordnungs- und Organisationsformen ermöglichen. Hier können Lebensformen entstehen. Aber während das Universum altert, läßt es das Stadium hinter sich, in dem diese instabilen, physikalisch sehr unwahrscheinlichen Gebilde sich selbst erhalten können. Wenn das Universum offen ist – sich endlos ausdehnt –, werden die Sonnen jener Planeten, auf denen es Leben gibt, ihren nuklearen Brennstoff wohl irgendwann verbraucht haben und sich entweder ausdehnen und ihre belebten Planeten verschlingen, oder sie werden in ein Stadium eintreten, in dem sie nur noch schwach strahlen und ihren Planeten im Wortsinne ›draußen in der Kälte stehen lassen‹. Wenn das Universum geschlossen ist – und wieder in sich selbst zusammensinken wird –, könnte die kosmische Hintergrundstrahlung sich über den Siedepunkt erhitzen; dann müßte alles Leben, wie wir es kennen, verschwinden.

Unabhängig davon, ob das Universum offen oder geschlossen ist, werden Galaxien sich dichter zusammenballen, und eine wachsende Zahl ihrer Sterne wird kollabieren; dabei werden einige von ihnen zu Schwarzen Löchern. Wenn die höheren Ordnungsformen und mit ihnen das Leben nicht mehr existieren, werden auch die niedrigeren Ordnungsformen verschwinden: Moleküle werden in ihre Atome zerlegt, und die Atome verlieren ihre Elektronenhüllen. Wenn Galaxien und ganze Galaxienhaufen sich dem Stadium des Schwarzen Lochs nähern, werden nur Positronium und kompakte Atomkerne übrigbleiben, die letzten Überbleibsel der majestätischen kosmischen Kathedrale. Und dann – wenn auch nach Ablauf einer unvorstellbar langen Zeit –, wenn die Schwarzen Löcher mit den Ausmaßen von Galaxienhaufen mit einem letzten großen Knall erlöschen, werden auch die letzten Überreste der Materie verschwinden. Das gesamte aus Materie-Energien errichtete Gebäude wird wieder zu dem, was es vorher war: das fluktuierende Hypervakuum, der Grundenergiezustand des Kosmos.

Das Universum als Ganzes aktualisiert sich, organisiert sich selbst und entfaltet sich; dann dekonstruiert es sich, faltet sich zusammen und de-aktualisiert sich. Aber es verschwindet nicht: Das Hypervakuum, aus dem es entstand, bleibt bestehen, und damit die Möglichkeit einer erneuten Aktualisierung. In den letzten Jahren sind kosmologische Theorien entwickelt worden, die mehr als nur einen einzigen ›kosmischen Zyklus‹ prognostizieren, Ansichten, die wissenschaftlich sehr schlüssig sind.

Die hier skizzierte Vision eines integrativ, wenn auch nichtlinear sich entfaltenden und zusammenfaltenden Universums konkretisiert eine erstaunliche Vorstellung, die vor über hundert Jahren von William Hamilton und Gustav Jacobi entwickelt wurde. Sie haben bewiesen, daß es möglich ist, lokale Ereignisse als Funktionen eines Gesamtsystems zu behandeln, ohne daß die mathematische Genauigkeit verletzt wird. In einem dynamischen System kann jede einzelne Bewegung als Funktion aller vorhergehenden Bewegung gesehen werden, und nicht als das Ergebnis von separaten mechanischen Kräften. Folglich verhalten Dinge und Ereignisse in einem Hamilton-Jacobi-Universum sich nicht als unabhängige Einheiten, sondern als Produkte integrierter Systeme. Es gibt keine einfachen Ursachen und isolierten Wirkungen: Alle Dinge verursachen und bestimmen einander. Jedes Geschehnis, wie unbedeutend und örtlich begrenzt es auch sein mag, ist das Ergebnis all dessen, was vorher geschehen ist, und ist Ursache für alles, was danach geschieht.

Obwohl Hamilton und Jacobi gezeigt haben, daß es mathematisch möglich ist, lokale Ereignisse als Funktionen eines Gesamtsystems zu behandeln, ist eine Berechnung des Verhaltens von Myriaden von Quarks, Teilchen, Atomen, Molekülen, Galaxien, Sternen und Planeten – und der Organismen, die möglicherweise auf einigen Planeten leben – als voneinander abhängigen Elementen im kosmischen System nicht durchführbar. Abgesehen vom berühmten »Unvollständigkeitstheorem« von Kurt Gödel (das postuliert, daß man ein System niemals mit den Mitteln eben dieses Systems berechnen kann), steht die Berechnung des ›Inventars‹ im Hamilton-Jacobi-Universum vor dem Problem der Komplexität: Keine Einheit kann eine andere Einheit berechnen, die genauso komplex ist wie sie selbst oder gar noch komplexer als sie. Aber das Universum ist komplexer als das menschliche Gehirn und komplexer als jeder Computer, der aus Bestandteilen des Universums zusammengesetzt ist.

Obwohl es für die Berechnungsmöglichkeiten der Natur eine Obergrenze gibt, verletzt diese Grenze nicht das Prinzip, nach dem spezifische Berechnungen ausgeführt werden. Eine neue Wissenschaft des Universums als ein integriertes und innerverbundenes Ganzes wird – auch wenn sie immer unvollständig bleiben wird – dennoch dem Wesen der Wirklichkeit wesentlich mehr gerecht als die klassische Wissenschaft von Systemen, die aus voneinander unabhängigen Atomen oder Elementen bestehen.

Die neue Wissenschaft wird schließlich eine »Kosmologie der Ganzheit« sein, wie der Wissenschaftsphilosoph Errol Harris sie einmal genannt hat. Diese Kosmologie

- trägt der Ganzheit des Universums Rechnung, einer einzigen unteilbaren Ganzheit, die aus unterscheidbaren, aber untrennbar miteinander verbundenen Teilen besteht;
- wird das Organisationsprinzip einführen, das im ganzen System gilt, ein Prinzip, das allen Teilen des Universums innewohnt und von allen Teilen ausgedrückt und illustriert wird;
- wird für eine hierarchische Differenzierungsskala sorgen, die alle Teile in Progressionsebenen von entstehender Komplexität einteilt, so daß jedes nachfolgende Teil das Prinzip deutlicher und adäquater ausdrückt und manifestiert als seine Vorgänger;
- wird ein komplexes Netzwerk der Interdependenz darstellen, in dem alle Elemente in Struktur und Funktion aufeinander abgestimmt sind.

Eine neue Wissenschaft des Universums als integriertes und innerverbundenes Ganzes – eine Kosmologie der Ganzheit – wird selbstverständlich auf Widerstände stoßen. Obwohl Wissenschaft ein offenes Unternehmen ist, ist die psychologische Struktur des einzelnen Wissenschaftlers ebenso wie die soziologische Struktur der Wissenschaftsgemeinde so beschaffen, daß der wissenschaftliche Fortschritt sprunghaft und nichtlinear abläuft. Seit Thomas Kuhns klassisch gewordener Arbeit über wissenschaftliche Revolutionen haben Wissenschaftshistoriker und -theoretiker erkannt und analysiert, daß wissenschaftliche Erkenntnis nicht kontinuierlich fortschreitet. Zwischen relativ ruhigen Phasen ›normaler‹ Wissenschaft, in denen etablierte Forscher ein bestehendes Theoriegebäude oder Paradigma untersuchen und ausbauen, treten immer wieder Erschütterungsphasen auf – ›Revolutionen‹ –, in denen die Theoriegebäude zusammenbrechen und von völlig neuen Denkkonzepten ersetzt werden.

Ein einzelner Wissenschaftler mag radikale Veränderungen als vergleichsweise schmerzlich empfinden. Schließlich verlangen sie ein Überdenken der Ausgangspunkte und den Abschied von geliebten Vorstellungen. Heisenberg, der Baumeister einer der bedeutendsten wissenschaftlichen Revolutionen des 20. Jahrhunderts, hat gegen Ende seines Lebens angemerkt, daß gute Wissenschaftler sich gern neue Denkkonzepte aneignen, daß aber auch die besten unter ihnen nur ungern einige der alten und scheinbar gesicherten Konzepte aufgeben. Darüber hinaus stehen Wissenschaftler, insbesondere wenn sie in einer Institution arbeiten, vor der Alternative ›veröffentlichen oder verschwinden‹ – und es ist sicherer und einfacher, Arbeiten über akzeptierte Ansichten zu veröffentlichen, als sich auf das unbekannte Gebiet noch nicht vollständig verstandener Konzepte und Theorien zu wagen. Aus diesen psychologischen und soziologischen Zwängen heraus ziehen es viele Mitglieder der Wissenschaftsgemeinde vor, in die Richtung zu blicken, aus der das Licht scheint – und dort liegt nicht notwendigerweise das Problem, und ganz sicher findet sich dort kein neues Paradigma.

Aber die Wissenschaft macht trotzdem Fortschritte; von Zeit zu Zeit geben Wissenschaftler bekannte und sichere Konzepte zugunsten neuer und größtenteils unerforschter auf. In den letzten Jahrzehnten haben immer mehr Wissenschaftler die klassische Mechanik und den reduktionistischen Ansatz zugunsten einer integrativen, organischen Perspektive aufgegeben. Diese Entwicklung wird sich in den kommenden Jahren weiter fortsetzen, da man auf noch mehr Rätsel und Anomalien stoßen wird, die die Wissenschaftsgemeinde zwingen werden, die unerwartet engen Verknüpfungen zwischen den Phänomenen der wirklichen Welt anzuerkennen. Der Entwicklungsschritt einer Wissenschaft organischer Perspektive wird durch das Konzept raum- und zeitbindender Felder ausgebaut und vervollständigt werden.

Die zeitgenössische Wissenschaft entwickelt ihre neue Sicht. Dieser Prozeß ist nicht kontinuierlich und linear, sondern sprunghaft und intermittierend wie die Evolution in der Natur. Eine neue Sicht entsteht plötzlich, obwohl ihre Konturen anfänglich notwendigerweise vage sind. Wenn sie sich als fruchtbar erweist, zieht sie eine immer größere Zahl von Wissenschaftlern an, und während sie eingehender erforscht wird, werden die Konturen deutlicher. Die alte Sicht verblaßt und verschwindet in der Geschichte. Obwohl dies in der Entwicklung der modernen Wissenschaften immer wieder vorgekommen ist, wird die Verschiebung beim nächsten Mal sicherlich grundlegender sein als bisher. Sie verspricht, die künstlichen Grenzen aufzuheben, die die verschiedenen Disziplinen trennen, und Raum zu schaffen für den Aufbau einer wirklich einheitlichen Wissenschaft der natürlichen Welt.

Anhang
Evolution, Leben und Sinn

Ein Gespräch
mit Joseph H. Schaeffer vom Marlboro College, Vermont.

S: Welche Rolle spielt das Denken in der Evolution des Menschen?

L: Das ist eine äußerst wichtige Frage. Ich könnte meine Antwort in einem Schlüsselbegriff zusammenfassen: Verantwortung. Ein System, das über eine hohe mentale Kapazität verfügt, wie das menschliche Bewußtsein sie voraussetzt, das nicht nur der Wahrnehmung fähig ist, sondern auch in der Lage ist wahrzunehmen, daß es wahrnimmt, zu wissen, daß es weiß – ein solches System ist für seine Handlungen verantwortlich. Die Erde, so winzig sie auch sein mag, ist ein erstaunliches Gebiet im Universum, weil es auf ihr eine Art gibt, die planvoll vorgehen kann – die Menschen, die über diese mentalen Fähigkeiten verfügen. Es wird wahrscheinlich nicht viele solcher Gebiete geben. Das wissen wir nicht genau. Weil sie über diese Fähigkeit verfügen, haben Menschen die Verantwortung nachzudenken, bevor sie handeln, und für die Ergebnisse ihres Handelns die Verantwortung zu übernehmen, soweit diese Ergebnisse vorhersehbar sind.

S: Sehen Sie Parallelen zwischen Ihrer Auffassung und der Argumentation von Kant, daß Geschichte ein Potential für moralisches Handeln schafft?

L: Ja, aber Kants Argumentation wurde innerhalb eines ganz anderen Gedankengebäudes formuliert. Moral ist nicht etwas Gegebenes. Wir formulieren absolute moralische Prinzipien, und auf der Grundlage dieser Prinzipien beurteilen wir dann einzelne Handlungen in spezifischen

Kontexten. Es gibt eine Logik oder einen Grund in der Evolution, aber ihr Verlauf ist nicht festgelegt, vorherbestimmt. Evolution ist die Entfaltung eines Musters, von dem wir ein Teil sind. Wenn wir durch unser Verhalten das Muster umkehren – was wir durchaus können, wenn wir die Umwelt mißbrauchen –, könnten wir unsere Überlebenschancen zunichte machen.

Ich frage mich oft, ob irgendeine Art in der Lage ist, den jetzt von uns erreichten Punkt in der Evolution zu überleben. Wir produzieren und verbrauchen ungeheure Mengen Energie. Das ist eine sehr risikoreiche Situation, weil unser Zerstörungspotential so groß ist. Wir müssen uns in der Fähigkeit üben, vorauszuschauen, und wir müssen erkennen, welche Verantwortung wir für uns, unsere Art und unsere Umwelt haben.

S: Auf welcher Grundlage handeln wir verantwortlich?

L: Ich würde einen aufgeklärten Utilitarismus zur Grundlage des Handelns machen. Die Ergebnisse unseres Handelns sollten im Hinblick auf die natürlichen Prozesse von Nutzen sein. Wie die Taoisten sagen: Der richtige Weg ist der Weg der Natur. Dabei meine ich mit Natur aber nicht nur die nicht-menschliche Natur. Die menschliche Natur ist vielleicht nur eine spezielle Form, eine lokale Variante in einem sich entwickelnden System. Wir müssen unsere Handlungen diesem System anpassen. Wir müssen dem zielgerichteten Prozeß folgen, der physikalische, biologische und soziale Prozesse umfaßt. In diesem alles umfassenden Sinne müssen wir in Einklang mit der Natur leben. Dann können wir unsere Rolle ausfüllen, und indem wir das tun, finden wir persönliche Erfüllung.

S: Können wir den Prozeß, von dem Sie sprechen, mit unserem Bewußtsein überhaupt erkennen?

L: Wissen ist immer unvollständig. Und es erweitert sich

immer dann, wenn es widerlegt wird. In gewissem Sinne paßt es sich immer mehr der Wirklichkeit und jenem Muster an, das irgendwo im verborgenen liegt.

Eine ›jungfräuliche‹ Wahrnehmung ist nicht möglich. Wir können die Welt nur gefiltert durch die Theorien in unseren Köpfen sehen. Im täglichen Leben wird erprobt, ob die Theorien Bestand haben, d. h. ob sie eine Bedeutung vermitteln, ob sie das, was wir erleben, erklären können. Wenn sie sinnvoll sind, befähigen sie uns zum Handeln. Während wir handeln, um unsere Ziele zu erreichen, entwickeln wir effektive funktionale Landkarten unserer Umgebung. Die erfolgreichen Karten werden weiter benutzt, und die weniger erfolgreichen werden – wenn man nicht gerade total dogmatisch ist – immer seltener herangezogen und schließlich aufgegeben. Es ist wichtig, daß wir flexibel bleiben. Wir müssen jede Interpretation sorgfältig prüfen, sie nicht zu schnell aufgeben, aber auch nicht an ihr festhalten, wenn sie offensichtlich nicht zutrifft.

S: Wenn Kinder auf die Welt kommen, sind sie genetisch darauf vorbereitet, nützliche, adäquate und effektive ›Landkarten‹ ihrer Umwelt zu entwickeln. Dann lernen sie durch ihre Umgebung, oft durch die Eltern, nicht-adäquate und ineffektive Karten kennen, die sie nicht zur richtigen Handlungsweise führen. Wenn sie älter werden, müssen sie die Verbindung zu ihrer ursprünglichen Offenheit wieder herstellen und wieder neue, funktionierende Karten entwerfen.

L: Die Gefahr, daß die unmittelbare Anleitung, die man von seinen Eltern oder der näheren Umgebung erhält, ineffektiv oder falsch und damit korrekturbedürftig ist, besteht immer. Ich glaube aber auch an die Existenz einiger elementarer Orientierungsformen, die über viele Generationen vorausgegangener Kulturen entwickelt wurden und in eine Art kollektives Gedächtnis übergegangen sind. Das Kind kann, allein aufgrund der Tatsache, daß es ein Mensch ist, mit diesem Gedächtnis kommunizieren.

S: Verringern diese archetypischen Orientierungsformen das dogmatische Potential? Sind sie offen und kreativ? Oder halten sie die Fehler der Vergangenheit aufrecht?

L: Das hängt, glaube ich, sehr mit unserer kulturellen Entwicklungsstufe zusammen, der Phase in der Entwicklung des menschlichen Bewußtseins. Zwischen der Entwicklung des Bewußtseins in der kulturellen Evolution der Art und der Entwicklung des Individuums von der Geburt bis zum Erwachsensein scheint es eine echte Parallele zu geben. Beim Kleinkind gibt es, wie die Arbeiten von Jean Piaget gezeigt haben, ebenso wie in den Frühphasen der kulturellen Evolution, eine Art undifferenziertes Ganzheitsgefühl. Das Selbst ist nicht von der Welt getrennt. Die Welt ist in gewisser Weise eine Ausdehnung des Selbst. Das Selbst ist Teil einer unbestimmten, ozeanischen Einheit.

In der nächsten Phase trennt sich das Selbst von der Welt. Das Individuum sagt: Hier ist es, wo ich lebe; ich weiß, daß ich sterblich bin; ich habe ein Leben; um mich herum gibt es Dinge; sie sind außerhalb von mir; und es gibt ›andere‹. Das ist es, was in einem Kind vorgeht. Und es passiert auch in der kulturellen Entwicklung. Wenn diese Art Bewußtsein in ein System gefaßt wird, gipfelt es schließlich in jener Form fragmentarischen, materialistischen und disziplingebundenen Wissens, das wir während der Epoche der modernen Wissenschaften in den letzten 200 Jahren entwickelt haben. Alles wird als Materie angesehen, die sich durch Raum und Zeit bewegt.

In der dritten Phase bewegen wir uns auf eine Wiedergewinnung der Einheit auf einer höheren Ebene zu. Wir erkennen, daß das Selbst Teil einer Welt ist, deren Vielheit eine Einheit zugrunde liegt. In gewissem Sinne bildet sie ein Ganzes. Zunächst haben wir nur eine verschwommene Landschaft wahrgenommen. Dann haben wir Bäume gesehen. Jetzt sehen wir den Wald mit seinen Bäumen. Wir sehen gleichzeitig das Ganze und die einzelnen Teile.

S: Hat das Folgen für die soziale Ordnung, in der wir heute leben?

L: Diese Art zu denken hat sehr viel mit der Tatsache zu tun, daß der Grad unserer wechselseitigen Abhängigkeit und Interaktion uns zu der Einsicht zwingt, daß die verschiedenen Kulturen der Welt nicht voneinander getrennt werden können. Es ist kein Zufall, daß dieser Paradigmenwechsel auf unseren kognitiven Landkarten stattfindet. Die Welt um uns herum wird kleiner, die modernen Kommunikationsnetze, die sich rasend schnell entwickeln, schaffen eine immer engere Verbindung zwischen uns und anderen Kulturen. Wenn erst mal Bewegung in unsere Art vorauszudenken gekommen ist, wenn wir den Paradigmenwechsel eingeholt haben und über ihn hinausgehen, können wir anfangen, neue soziale, ökonomische und politische Systeme zu konzipieren.

S: Sie versuchen also in gewisser Weise die Vorstellung von ›klein ist schön‹ in die Vorstellung von der holistischen Ordnung der Welt zu integrieren.

L: Ja. Aber ›klein ist schön‹ allein kann eine sehr kurzlebige Erfahrung sein. Koordination auf höherer Stufe ist notwendig, damit jede ›Kleinheit‹ schön sein kann. Bestimmte Entscheidungen und bestimmte Prozesse können am besten auf den entsprechenden Ebenen gehandhabt werden. So würde es zum Beispiel nicht funktionieren, wenn man das Verhalten von LKW-Fahrern weltweit reglementieren oder eine allgemeingültige Moral oder Ideologie großräumig einführen wollte. Diese Dinge muß man den Basisebenen überlassen. Aber bestimmte Regeln sollten sicherlich auf globaler Ebene bedacht werden, z. B. wenn es um Umweltschutz geht, um Sicherheitsfragen und um die Armeen, die wir weltweit unterhalten wollen.

S: Und wie könnten wir etwas wie die UN-Erklärung der universellen Menschenrechte auch in diesem Rahmen einführen?

L: Es wäre gut, wenn wir uns auf einige Grundideen der Menschenrechte einigen könnten. Aber ich glaube nicht, daß das schon möglich ist. Wir können uns ja nicht einmal in praktischen politischen und ökonomischen Dingen einigen. Wie könnten wir also Einigung erzielen über bestimmte Handlungsweisen, die die Menschenrechte in allen Kulturen und Gesellschaften betreffen? Trotzdem ist es wichtig, daß wir auf solche Verhaltensweisen verzichten, bei denen die Gefahr einer Umkehrung des evolutionären Prozesses ungewöhnlich hoch ist. Wir müssen wenigstens die Handlungen benennen, die in bezug zu unserer natürlichen Umgebung notwendig sind, um die Gesamtfunktion dieses dynamischen Systems – dessen Teil wir sind – zu bewahren. Dies ist leichter möglich, wenn wir das System selbst verstehen. Wir wissen beispielsweise, daß die Bestandteile eines nichtdeterministischen Systems relativ unabhängig sein müssen, damit sie bestimmte angelegte Potentiale voll ausschöpfen können. Darüber hinaus können sich Systeme und Subsysteme als koevolutionäre Partner entwickeln. Wenn ein System sich auf Kosten seiner Partnersysteme für einen bestimmten Weg ›entscheidet‹, muß es dafür einen Preis bezahlen.

S: Können evolutionäre Prinzipien zur Basis moralischen Handelns werden?

L: Um verantwortlich leben zu können, müssen wir die Muster und Prozesse der Evolution kennen. Die Theorien und Strukturen der Evolution können in allen möglichen Symbolen sichtbar werden. In gewisser Weise übermitteln wir uns selbst die Gegebenheiten der Evolution durch diese Symbole. Je besser unser Zugang zu ihnen ist und je mehr wir sie verinnerlichen, desto mehr steigt die Chance, daß wir unser Leben mit den gegebenen Mustern und Prozessen leben, statt gegen sie.

S: Mir scheint, daß hier auch erkenntnistheoretische Fragen eine Rolle spielen. Wie können wir die Wirklichkeit am besten erfassen?

L: Wir sind in unserem eigenen Denken gefangen. Es gibt da keinen leichten Weg heraus. Schlußendlich wissen wir nur, was wir selbst erfahren und erleben. Wir können es systematisch erfahren und logisch zusammenhängend machen. Aber es gibt keine Garantie, daß es nicht eine bloße Illusion ist. Wenn der Solipsist auf diesem Argument beharrt, wird er immer gewinnen.

Das solipsistische Argument sollte man einfach ignorieren. Wir müssen uns so verhalten, als verfügten wir über das gesicherte Wissen, daß es eine erkennbare Welt gibt, und daß unsere Sinneseindrücke tatsächlich eine vier- oder mehrdimensionale Welt außerhalb von uns wiedergeben. Diese Welt kann einen Einfluß auf uns haben, auf unsere Körper-Geist-Systeme. Wenn wir von dieser Annahme ausgehen, können wir versuchen, unsere Erfahrungen so einzuordnen, daß sie einen Sinn ergeben. Wir können versuchen herauszufinden, welche Art Realität hinter diesen Erfahrungen steht.

Aber diesen Sprung muß unsere Vorstellung machen. Wenn wir ihn einmal gemacht haben, stellt sich die Frage: Welches ist die systematischste Form, unsere Erfahrungen einzuordnen? Für mich ist das die Wissenschaft.

Ich suche nach den übergreifenden Zusammenhängen

der Erfahrung. Das rührt vielleicht daher, daß ich auch Musiker bin. Ich suche nach Harmonie. Das Kohärenteste, Harmonischste und Allgemeinste ergibt für mich den größten Sinn, ist das Wirklichste. Mit diesem Ansatz stehe ich sofort im Gegensatz zu den meisten Spezialisten und der Mehrheit des wissenschaftlichen Establishments.

S: Welche Rolle spielen Musik und Kunst im menschlichen Leben?

L: Musik und Kunst verleihen den Erfahrungsmustern Kohärenz und Bedeutung. Sie helfen uns zu entdecken, welche Bedeutung der Erfahrung zugrunde liegt. Sie erschaffen einen geistigen Zustand, der seine eigene Bedeutung in sich trägt. Deshalb verschaffen sie uns eine so tiefe Befriedigung. Durch sie wird Bedeutung für uns einfacher zugänglich. Normalerweise müssen wir um Bedeutung ringen, nach dem Sinn suchen. In der Musik und der Kunst wird sie uns fast geschenkt. Alles nimmt auf ästhetische Weise seinen Platz ein. Musik ist eine Art Ordnung in der Klangstruktur, ein wunderschönes System, das auf nichtsemantische, nicht-kognitive Weise Komplexität erhellt. In gewissem Sinne leisten Musik und Kunst das, was wir in Wissenschaft und Religion nur anstreben können. Das Befriedigende an der Musik ist für mich die offensichtliche Vollkommenheit des Sinns, der Struktur; das Gefühl, daß alles an seinem Platz ist.

S: Können Sie diese Denkweise auf die Grundlagen der Wissenschaft und ihre Rolle im menschlichen Leben anwenden?

L: Wissenschaft sollte ursprünglich das Wesen der Wirklichkeit ergründen, objektiver Muster und Prozesse einer Welt, die über die eigenen unmittelbaren Erfahrungen hinausgehen. Ihr Ziel war es, so viel zusammenhängendes Wissen wie möglich – innerhalb der Begrenzungen des Selbst und der wissenschaftlichen Methode – zu vermitteln. Es gibt allerdings auch andere Weisen, menschliche Erfahrung kohärent zu machen: Philosophie zum Beispiel, und, noch weiter von der Wissenschaft entfernt, Theologie und Mystik. Lassen Sie mich das genauer sagen. Man fängt mit dem gesunden Menschenverstand an, dem grundlegenden Aufzeichnen der schon erwähnten Realitätskarte, die uns Objekte, Menschen, Bäume und Steine, anzeigt. Damit sie für uns einen Sinn ergibt, muß man ein allgemeines Verständnis davon haben, wie diese Objekte miteinander in *Beziehung* stehen. Man nimmt zum Beispiel an, daß die Beziehungen zwischen ihnen kausaler Natur sind. Wenn man dann genauer wissen möchte, warum bestimmte Dinge passieren, fängt man an, mit ihnen zu experimentieren. Diese Tests können zu einem Verständnis der Gesetzmäßigkeiten der Beziehungen zwischen den Dingen führen. Danach können Theorien entwickelt werden, um die Gesetzmäßigkeiten verständlich zu machen. Mit solchen Theorien kann man Gesetzmäßigkeiten nicht nur erklären, sondern auch vorhersagen. Die Vorhersage wird zum entscheidenden Faktor bei der Verifizierung oder Falsifizierung der Theorie.

Die theoretische Wissenschaft hat sich, im Ganzen betrachtet, nur innerhalb der Grenzen einzelner Disziplinen bewegt. Innerhalb der Physik wird eine Integration von Quantentheorie, allgemeiner Relativitätstheorie, einheitlicher Feldtheorien, großer vereinheitlichter Theorien usw. angestrebt. Innerhalb der biologischen Wissenschaften wird die Integration der Makroevolutionstheorien, der neodarwinistischen Synthese und anderem angestrebt. Man müßte sich aber gleichzeitig auch mit der Möglichkeit befassen, diese bereits integrierten Theorien in einem Konzept zu verbinden, das jeder von ihnen Kohärenz verleiht und ihre Beziehungen untereinander erklärt. Das war einmal die Aufgabe der Philosophen, jetzt ist es in den neuen komplexen und Evolutions-Wissenschaften möglich. Eine andere Art von Notwendigkeit verlangt nach Überlegungen religiöser und spiritueller Natur. Es ist die Notwendigkeit, die Beziehung zwischen den physikalischen Aspekten unseres Erlebens und den geistigen und intuitiven, ja fast mystischen Aspekten zu finden und diese zu einer neuen Einheit zusammenzufügen. Große Wissenschaftler haben die Wichtigkeit von Intuition immer betont und gleichzeitig bedauert, daß die Wissenschaft so wenig über sie aussagen kann. Zwischen den spirituellen und den physikalischen Erklärungen des Universums klaffte immer ein Graben. Jetzt ist es wichtig herauszufinden, ob ein konsistentes und logisches System aufgebaut werden kann, das die verschiedenen Gesetze und Theorien der Naturwissenschaft über das physikalische Universum und die Theorien der Geisteswissenschaften über das soziale Universum mit den spirituellen Aspekten der Erfahrung verbindet.

Vielleicht werden wir schließlich ein integratives Verständnis von allem, was der Strom der Erfahrungen beinhaltet, erlangen. Natürlich nicht in allen Einzelheiten. Aber vielleicht können wir die allgemeinen Erfahrungsmuster mit einer einzigen konsistenten Theorie erklären. Mit »einzigen« meine ich nicht endgültigen. Jede Theorie ist der Veränderung unterworfen. Aber wir können zu jedem Zeitpunkt nach den einfachsten möglichen Erklärungen oder Konzepten suchen, die den vor uns liegenden Fall beschreiben.

Ich glaube, daß alle unsere Erfahrungen mögliche Beweisstücke enthalten, die wir bei unseren Theorien berücksichtigen müssen. Alles, was erlebt und erfahren wird, verlangt nach einer Erklärung. Ich nehme die Vielfalt der Wirklichkeit wahr, das, was die Griechen das vielgestaltige Wesen der Wirklichkeit nannten. Gleichzeitig frage ich immer, ob es möglich ist, ein Muster in der Vielfalt auszumachen, das, was die Griechen das *Eine* nannten. Mit dem *Einen* meine ich nicht eine einzige Substanz oder einzige herausgehobene Einheit wie eine Zelle oder ein Atom. Ich denke eher an etwas wie einen Entwurf, ein Muster, das sich in verschiedenen Arten von Transformationen wiederholt, ein Muster, das etwas über das innere Wesen des Universums, in dem wir leben, aussagt.

S: Was Sie vorhin über den Solipsismus gesagt haben, legt nahe, daß für Sie alle Muster Konstrukte sind, die auf den Erfahrungen jedes Individuums beruhen.

L: Ja. Muster sind etwas, was wir konstruieren. Aber dabei lassen wir es nicht bewenden. Wir prüfen das Muster daraufhin, ob es sich optimal in unsere Erfahrungslandkarten einfügt, wie ich vorhin vorgeschlagen habe.

Die Suche nach dem Sinn ist ein Grundzug des menschlichen Geistes. Sie ist in unseren Wahrnehmungsapparat eingebaut. Eigentlich stürzen die Bilder des Gesehenen ja kaleidoskopartig auf uns ein, auch Töne, Ertastetes, Gerüche und Geschmack, die wir fortwährend in sinnvolle Erfahrungen übersetzen. Die alltägliche Erfahrungswelt ist *eine* Bedeutungs- oder Sinnebene. Die Welt der Wissenschaft ist eine *zweite*. Die Welt der Mystik ist eine weitere, eine andere Ebene. Wenn wir diese drei vereinen, berühren wir die höchste Ebene. Diese höchste Ebene können wir augenblicklich vielleicht noch nicht erreichen, aber wir sollten die Suche danach nicht aufgeben.

S: Welche Rolle spielt die spirituelle Dimension gegenwärtig in Ihrem persönlichen Leben?

L: Soweit bin ich noch nicht. Ich habe das Gefühl, die

Hoffnung, daß ich auf dem Weg dahin bin. Man ist sehr stark an seine jeweilige Lebensphase gebunden, oder, wie die Buddhisten sagen, an sein Alter. Es gibt verschiedene Arten von Aktivität, verschiedene Arten von Engagement im Sinne von französisch *engagement*.

Man sollte die Möglichkeit haben, dorthin zu gehen, wohin man gehen muß, um soviel Einblick zu gewinnen, wie es in den späteren Lebensphasen noch möglich ist. Das kann man nur machen, wenn man von den Erfordernissen eines Berufs befreit ist, von der Notwendigkeit, sich seinen Lebensunterhalt zu verdienen, vom einschränkenden Gefüge einer Gesellschaftsordnung. Man muß gewissermaßen in die Wälder gehen, um das zu erreichen. Ich hoffe, daß ich mir ein Umfeld schaffen kann, in dem ich so leben kann, wenn ich bereit dafür bin.

S: Wird diese Reise in die Wälder eine Entdeckungsreise sein oder ein Rückzug, ein Loslassen?

L: Es wird der Versuch sein, mich selbst zu überzeugen. Ich bin zwar nicht sicher, daß wir nur ein Leben haben – vielleicht ist das, was wir als Geist bezeichnen, Teil eines viel, viel größeren kollektiven Bewußtseins oder einer Quelle von Bewußtsein. Aber wenn wir annehmen, daß wir nur ein Leben haben, müssen wir uns vergewissern, daß wir es gelebt haben, ohne etwas Wesentliches ausgelassen zu haben. Der Geist hat die Fähigkeit zum Denken und zum Verständnis. Man würde viel auslassen, wenn man nicht versuchte, soviel menschliche Erfahrung wie möglich zu verstehen, gleichgültig, welche Anstrengungen es erfordert, gleichgültig, welche Konzepte dazu nötig sind.

S: Wie laufen Ihre Denkvorgänge ab?

L: Es sind keine systematischen Prozesse, glaube ich. Wenn ich mich hinsetzte und mir sagte, diese Dinge durchdenkst du jetzt mal, würde ich nur dasitzen und vor mich hinstarren. Mir würde nichts einfallen. Normalerweise gewinne ich irgendwelche Einsichten, wenn ich nicht bewußt über etwas nachdenke. Einige meiner besten Gedanken kommen beim Klavierspielen, wenn ich fast völlig mit der Musik beschäftigt bin. Ich bin mitten in einem Stück, und ganz plötzlich überfällt mich eine Einsicht zu irgendeinem Problem. Solche Einsichten kommen auch spätabends vor dem Einschlafen oder frühmorgens beim Aufwachen. Manchmal entsteht auch ein Gedanke, während ich mich mit anderen Menschen über etwas, das gar nichts mit dem Gedanken zu tun hat, unterhalte.

Das alles passiert aber nur, wenn ich an einem Problem arbeite. Nur wenn man mit einem Problem beschäftigt ist, denkt man klar. Lernen entsteht durch eine Irritation im System. Ich meine damit nicht, daß man sein Leben damit verbringen sollte, sich um intellektuelle Probleme ›Sorgen‹ zu machen, aber man muß akzeptieren, daß es Probleme gibt – man kann sie nicht einfach ausklammern.

Für grundlegende Probleme gibt es natürlich keine endgültigen Lösungen. Für die meisten von ihnen läßt sich eine Lösung finden, die man zu einem bestimmten Zeitpunkt akzeptieren kann – oder, was noch besser ist, bei der man das Gefühl hat, daß sie einen Fortschritt darstellt gegenüber dem, was man vorher gedacht hat. Manchmal hat man das Gefühl, eine völlig neue, ursprüngliche Idee entdeckt zu haben, auf den eigentlichen Kern eines Gedankens, einer Vorstellung gestoßen zu sein. Dann muß man sich hinsetzen und diese Vorstellung ausarbeiten. Sehr oft wandelt sich der Kern, manchmal entwickelt er sich weiter, und manchmal wird er auch durch einen ganz anderen ersetzt. Aber er ist immerhin etwas, womit man arbeiten kann, etwas, worauf man aufbauen kann.

Dieser Aufbauprozeß ist ein ziemlich logischer Vorgang. Man folgt zwar nicht unbedingt irgendwelchen festgeschriebenen Regeln, aber man bringt die Dinge in einen logischen Zusammenhang, setzt sie in einen Kontext. Man vergleicht sein Material mit der Argumentation, die man bereits entwickelt hat. Dabei wird die Beweisführung in einigen Punkten bestätigt und in anderen nicht. Man gewinnt neue Einsichten. Es passiert etwas, womit man nicht gerechnet hat, und dann überlegt man sich, was man damit anfängt.

Aus meiner Sicht kann man individuelle Einsichten nicht im luftleeren Raum gewinnen. Die Dinge ergeben nur deshalb einen Sinn, weil sie Teil eines zusammenhängenden Musters sind. Ich zögere keinen Augenblick, eine einzelne Idee zu verwerfen, auch wenn sie im Rahmen einer gemachten Erfahrung ganz sinnvoll erscheint, wenn sich herausstellt, daß diese Idee sich nicht in ein größeres Gedankengerüst einfügen läßt. Das vollständige Ideensystem vermittelt die Wahrheit oder bringt uns ihr so nahe wie möglich.

S: Was ist das Wesen zwischenmenschlicher Verständigung?

L: Es ist sehr schwierig, jemand anderes zu verstehen. Jeder von uns ist äußerst komplex. Ich muß sagen, daß ich in der Vergangenheit kein großes Bedürfnis hatte, die Menschen um mich herum völlig zu verstehen. Ich war viel zu sehr mit dem Versuch beschäftigt, die Wirklichkeit zu verstehen. In letzter Zeit habe ich gemerkt, daß ich Menschen verstehen möchte. Das tiefere Verständnis vom anderen, an dem ich interessiert bin, erfordert Empathie. Empathie ist etwas Geheimnisvolles. Sie geht über das Physikalische, die Wellen, die unser Gehirn decodiert, hinaus. Sie ist spontane Interaktion. Sie macht an der Barriere der äußeren Hülle nicht halt.

Es gibt ganz sicher eine Ausstrahlung, Vibrationen, Schwingungen, die von jedem Individuum ausgehen und die wir nicht ganz verstehen. Wenn man sich wirklich versteht, befinden sich diese Schwingungen in einer Art Gleichklang. Die Liebe ist ein Beispiel für ein solches Verstehen.

Plato hat bei seinen Ausführungen über den Dialog gesagt, daß das Verständnis immer schon da ist, man muß es aber hervorholen. Das scheint mir zutreffend. Wir verstehen Dinge, aber es ist uns nicht bewußt. Durch den Dialog können wir dieses Verständnis ans Licht bringen. Manchmal ergänzen sich die unterschiedlichen Ansichten verschiedener Leute zu einem Problem in einer Weise, daß plötzlich eine Einsicht entsteht.

S: Was ist das Wesen und der Zweck von gesprochener Sprache bei menschlicher Interaktion?

L: Sprache hatte in der weit zurückliegenden Vergangenheit wahrscheinlich eine völlig andere Funktion, als sie jetzt hat. Menschen sind selbstorganisierende Systeme mit der Fähigkeit, das eigene Verhalten zu ändern. Zu irgendeinem Zeitpunkt ihrer Evolution entstand die Notwendigkeit, einen Code zu entwickeln, mit dem sie ihre Fähigkeit, Handlungen durch kooperative Arbeitsteilung zu koordinieren, weiter ausbauen konnten. Die Sprache erfüllte diese Funktion. Als Kommunikationsmittel verlieh sie ihnen größere Flexibilität im Verhalten, und sie konnten mit den vorhandenen Energien besser umgehen. Die Sprache hat den Menschen ermöglicht, Quellen negativer Entropie im Lebensprozeß auszumachen und ihr Sozialverhalten dementsprechend auszurichten. Sie eröffnete Möglichkeiten zur Anpassung. Gleichzeitig entwickelte die Sprache sich zu einem abstrakten System, mit dessen Hilfe Menschen Alternativen durchdenken konnten – losgelöst von der unmittelbaren Handlungswirklichkeit. Durch die Sprache konnten sie über andere Dinge als ihren unmittelbaren Fortbestand in der Gemeinschaft nachdenken.

Wenn wir uns die Sprache heute ansehen, machen wir eine Anzahl verschiedener Zwecke aus, die anscheinend nichts miteinander zu tun haben. Sprache wird verwendet, um Bedürfnisse zu befriedigen: nach Macht, nach logischer Erfahrung, nach Kunst, nach Zugehörigkeit. Diese Funktionen von Sprache waren nicht geplant. Sie sind vielmehr Nebenprodukte einer Fähigkeit, die in der Evolution einen ganz bestimmten Stellenwert hatte. Jetzt, nachdem diese Nebenprodukte sich entwickelt haben, formen sie die Spezies, von der sie ein Teil sind. Tatsächlich sind menschliche Gemeinschaften bei der Sicherung ihrer Existenz auf sprachliche Kommunikation angewiesen.

S: Eine der Herausforderungen der gegenseitigen Abhängigkeit scheint die Suche nach gemeinsamen Sprachen zu sein, mit denen man sich über die Grenzen hinweg unterhalten kann. Aber es ist gleichzeitig wichtig, sozialen Pluralismus zu gewährleisten.

L: Wir müssen die Vielfalt verbreiten. Wir können vereint sein, ohne dabei uniform zu sein. Einheit ist nicht Einheitlichkeit. Wir können so lange verschieden sein, wie wir unsere Verschiedenheiten verstehen und akzeptieren können. Menschen können innerhalb derselben Gesellschaft oder in verschiedenen Gesellschaften unterschiedlich sein, aber sie alle müssen in ein und derselben größeren Struktur miteinander leben. Eigentlich ermöglicht diese Struktur erst die Verschiedenheit, die notwendige Vielfalt.

S: Sehen Sie das Individuum als ein in seine Kultur eingebundenes Wesen, in seinen Möglichkeiten beschnitten und im großen und ganzen definiert durch seine Interaktion mit anderen, oder ist es der Mittelpunkt von Kontrolle, Kreativität und Verantwortung? Was ist die Rolle des Individuums in der Gesellschaft?

L: Hier gibt es ein Paradox. Im Laufe der historischen Entwicklung hat die Gesellschaft für das Individuum einerseits eine größere Flexibilität geschaffen, andererseits umfängt sie das Individuum mit immer größerer Komplexität. Das Individuum weiß immer weniger von seiner Gesellschaft. Die Bereiche der sozialen Wirklichkeit, die der einzelne beschreiben kann, werden immer kleiner, es wird schwieriger, sich zurechtzufinden. Als ›helfende Vertreter‹ der Evolution müssen Individuen versuchen, ein immer komplexeres, immer ausgefeilteres Verständnis der sozialen Struktur zu erschaffen, denn diese Struktur umschreibt notwendigerweise das natürliche Verhalten der Individuen. Eine Gesellschaft ist effektiv und verläßlich, wenn jede Person ihren Teil beiträgt. Man muß bedenken, daß eine streng reglementierte Gesellschaft, die auf der Ebene des Gesellschaftssystems funktioniert, auf der individuellen Ebene unmenschlich ist.

Als Individuen sind wir zum einen Ganzheiten, die aus Teilen bestehen, zum anderen sind wir gleichzeitig Teile von Ganzheiten. Es ist offensichtlich, daß die systemischen Zusammenhänge in uns einen Einfluß auf uns ausüben. Wir sind auch Teil der bestehenden größeren Zusammenhänge in unserer Gesellschaft, von der Familie bis zur Weltgemeinschaft. Wir können das sich entwickelnde Universum nicht von außen betrachten. Wenn wir das könnten, würden wir ein sich entwickelndes Ganzes sehen, eine höchste Systemebene, die die Funktion der Teile bestimmt und ihrer Existenz einen Sinn gibt. Und doch sieht jeder von uns sich als einen bestimmten Teil in diesem Prozeß. Und wir sind am meisten daran interessiert, daß unsere eigene Ebene übergeordnet bleibt. Wir möchten an der Spitze stehen.

Es besteht die Gefahr, daß das Individuum den Blick für das Ganze verliert. Auf der anderen Seite ist es genauso wichtig, daß das Individuum sich vom größeren System nicht völlig reglementieren läßt. Wenn Hitler den Krieg gewonnen hätte, hätte er wahrscheinlich sein tausendjähriges Reich etabliert, in dem das Individuum dem System völlig untergeordnet wäre. Das gleiche hätte unter Stalin passieren können. Bei den Mechanismen zur Verhaltenskontrolle, über die wir heute verfügen, ist es nicht unmöglich, daß Systeme sich etablieren können, die über das Individuum eine solche Macht haben, daß es nur noch ein Rädchen in einer Maschine ist. Wir müssen die Evolution auf der individualen Ebene optimieren und gleichzeitig ermöglichen, daß sie sich auch auf der gesellschaftlichen Ebene entfalten kann.

S: Ist die Selbstverwirklichung des einzelnen in diesem Prozeß ein sinnvolles Ziel?

L: Das ist nicht das Ziel der Gesellschaft, sondern das Ziel jedes einzelnen. Das Ziel jedes Systems ist es, Störungen und Veränderungen zu verhindern. Es versucht sich unter den verschiedensten Umständen zu behaupten, um fortzubestehen. Für ein Individuum kann zwischen Selbstverwirklichung und Selbsterhaltung ein Zusammenhang bestehen. Aber für das Fortbestehen einer Gesellschaft ist Selbstverwirklichung nicht der Hauptfaktor.

Gesellschaft ist eine andere Systemebene, die oberhalb und über dem Individuum liegt. Für mich ist es wichtig, diese beiden Ebenen klar zu unterscheiden. Sie können es sich so vorstellen wie das Verhältnis von Zelle und Individuum. Man kann ein Individuum nicht auf eine Zelle reduzieren und eine Zelle nicht mit einem Individuum gleichsetzen. Man könnte aber sagen, daß eine Zelle, um sich zu verwirklichen, funktionaler und integrativer Bestandteil eines Organismus sein muß.

S: Welches sind heute die Hauptprobleme in der Welt und was sollten wir tun, um sie zu bewältigen?

L: Das größte Problem heute ist, daß die bestehenden Gesellschaften so nicht aufrechtzuerhalten sind. Natürlich gibt es Ausnahmen, kleine Gruppen von Leuten, die die Grundlagen ihrer Existenz neu definieren. Die Gesellschaften insgesamt sind allerdings auf einem Weg, der nicht weiterführt. Die Frage ist nicht, ob sie sich verändern wollen oder nicht; sie werden sich verändern müssen. Die Frage ist vielmehr, wie bald und um welchen Preis sie sich verändern werden. Hier kann man als allgemeine Regel aussprechen, daß der Preis um so höher wird, je länger sie warten.

Viele Probleme müssen gelöst werden, technologische Probleme, Arbeitslosigkeit, Hunger, Umweltverschmutzung, die Verteilung der Rohstoffe und des Wohlstands und so weiter. Wenn die gegenwärtige Entwicklung sich fortsetzt, werden diese Probleme sich noch vergrößern. Wenn wir ein stabiles Bevölkerungswachstum, eine bessere Schulbildung und eine vernünftigere Methode der gemeinschaftlichen Problemlösung hätten, könnten wir diese Probleme leichter bewältigen.

S: Das scheint mir auf ein grundsätzlicheres Problem abzuzielen, auf das entscheidende Problem unseres Zeitalters, die Notwendigkeit, den Schritt von der Unabhängigkeit zur gegenseitigen Abhängigkeit zu tun.

L: In der biologischen Evolution kommunizieren nebeneinander bestehende Systeme miteinander. Sie haben die Tendenz, sich einander anzupassen und Systeme höherer Ordnung zu bilden. Genau das passiert in der Gesellschaft auch. Wir bilden Systeme höherer Ordnung, die über die Ebene der Nation oder von Körperschaften hinausgehen. Und trotzdem verhalten wir uns, als seien wir immer noch unabhängige souveräne Nationalstaaten.

S: Welche Rollen spielen Konflikt und Zusammenarbeit bei der gegenwärtigen internationalen Lage?

L: Wenn Konflikte geregelt ausgetragen werden, können sie zu koordiniertem Wettbewerb werden. Wettbewerb ist nötig. Er ist normaler Bestandteil eines jeden sozialen Systems, von der Familie bis zur Weltgemeinschaft. Aber er darf nicht zerstörerisch sein. Er muß kontrolliert werden, damit er nicht eben jenes System zerstört, dem er angehört.

S: Welche Bedeutung hat der Krieg in der menschlichen Gesellschaft?

L: Anzunehmen, man könne Konflikte zwischen Gruppen mit Gewalt lösen, ist sicherlich einer der größten Fehler, den geistbegabte Menschen machen können. Im Krieg wird der menschliche Geist von einer tragischen Fehlinterpretation des ursprünglichen Dominanzinstinktes geleitet.

S: Welches ist unsere Stellung in der Natur? Sind wir Betreuer? Haben wir das Sagen? Sind wir Untertanen?

L: Wie ich vorhin schon sagte, sind wir bewußter Teil der Natur. Wir sind in der Lage, unser Wissen über uns selbst und über die Umwelt zu reflektieren. Wir tragen die Verantwortung für die Umwelt. Arten, die ihre eigenen Verhaltensmuster nicht im Hinblick auf Alternativen überdenken können, können diese Verantwortung nicht übernehmen. Wir sind Betreuer. Aber wir sind keine außenstehenden Betreuer. Wir sind bewußte, reflektive Komponenten des Ökosystems. Es ist nicht unsere Aufgabe, dafür zu sorgen, daß es uns dient. Statt dessen müssen wir einsehen, daß unser Leben, unsere Zukunft, unsere Evolution vom Fortbestand des Systems abhängt. Es ist unsere Bestimmung, darüber bewußt nachzudenken. Und wir müssen es jetzt tun, oder wir gefährden unser Überleben.

S: Richard Lewontin hat einmal geschrieben: »Ein völliges Verständnis des Menschen verlangt eine Integration des Biologischen und des Sozialen, bei der keinem Teil eine primäre Rolle oder ontologische Priorität vor dem anderen eingeräumt wird, sondern in dem beide Teile als in dialektischer Weise miteinander verbunden angesehen werden.« Was ist Ihre Ansicht dazu?

L: Als bloße soziale Wesen haben wir keinen Platz im Ökosystem. Wir haben einen Platz als *soziobiologische* Wesen, in dem Sinne, daß wir eine biologische Spezies sind, die Sozialbeziehungen unterhält. Das Problem hat etwas damit zu tun, in welchem Ausmaß wir eine Kulturspezies sind. Ein Ökosystem kann eine Spezies, die sich genetisch relativ langsam anpaßt, ohne Schwierigkeiten beherbergen. Eigenschaften, die sich bei einer Art als ungünstig herausstellen, können allmählich ausgelöscht werden zugunsten anderer, die in einem ausgereiften System für größere Flexibilität sorgen.

Eine mit Bewußtsein ausgestattete Kulturspezies ist jedoch ein interessantes evolutionäres Glücksspiel. Da Kultur eine Spezies befähigt, sich Umständen anzupassen und die Umgebung in einer Weise zu manipulieren, wie es anderen Spezies verwehrt ist, kann sie den Evolutionsprozeß vorantreiben. Sie kann aber auch Fehler machen, die sich zerstörerisch auswirken könnten, nicht nur für sie selbst, sondern für das gesamte Ökosystem. Wir wissen nicht, wie das Ergebnis dieses Glücksspiels aussehen wird.

S: Wenn man diesen Gedankengang auf die gegenwärtigen sozialen Systeme anwendet, legt er eine andere Basis der Entscheidungsfindung nahe.

L: Wenn man die Dynamik aller Vorgänge des ganzen Systems, in dem man operiert, kennt, sind die Konsequenzen der Handlungen andere, als wenn man nur die Dynamiken der eigenen Situation versteht. Bis jetzt haben wir fast alle unsere eigene Situation und uns selbst so betrachtet, als handelten wir in einer exogenen Umgebung, einer Umgebung, die außerhalb von uns liegt. Wenn wir uns jetzt aber als endogen betrachten, als Teil des Systems in seiner Gesamtheit, dann können wir anfangen, die Parameter zu optimieren oder zu maximieren, die wir als für das gesamte System wertvoll erachten.

S: Damit kleine Kinder vollwertige Mitglieder in den dynamischen Prozessen werden, die Sie schildern, scheint mir ein neues Erziehungsparadigma notwendig.

L: Ja, das stellt ein Problem dar. Ein solches Paradigma zu entwickeln wäre wünschenswert, aber es hätte nur dann positive Auswirkungen, wenn man es bei einem großen, repräsentativen Teil der menschlichen Bevölkerung anwendete. Die Auswirkungen aufgeklärten Handelns, eines Handelns, das auf den wahrgenommenen Dynamiken des größeren Systems basiert, sind normalerweise langfristiger als diejenigen, die aus Handlungen resultieren, die nur auf einer unmittelbaren Einzelsituation basieren. Wenn ein Teil der Menschen in diesem Sinne aufgeklärt handelt und ein anderer egoistisch, setzen sich auf kurze Sicht die Egoisten durch, und die weisen Menschen werden an den Rand gedrängt.

Wenn dies nicht so wäre, gäbe es heutzutage wesentlich mehr bewußtes Handeln im Hinblick auf das erkannte Ganze, auch auf nationaler und staatlicher Ebene. Aber Politiker, die im allgemeinen Interesse der Menschen handeln, stellen fest, daß sie – kurzfristig gesehen – im Nachteil sind. Sie haben das Spiel meist schon verloren, bevor ihre Handlungsweisen sich auszahlen.

S: Sie meinen also einen grundlegenden Paradigmenwechsel auf höchster Ebene, der alle Nationen, Regierungen und Institutionen zur gleichen Zeit betrifft?

L: Es ist eine Zivilisationsänderung. Kleinere Teilanpassungen können nicht greifen, weil das System die Abweichler automatisch eliminieren wird.

S: Welche Hoffnungen hegen Sie, und was erträumen Sie sich?

L: Eine meiner größten Hoffnungen ist die, daß ich etwas zu dieser Welt beitragen kann, das den Umgang mit ihr auf befriedigendere Weise erleichtert. Der nächste wichtige Schritt in der Entwicklung unserer Spezies ist wirklich ein Wendepunkt, der zum Aussterben oder in ein degeneriertes Stadium führen könnte. Wir müssen die menschliche Kultur aufrechterhalten, um zu überleben. Wir müssen die richtigen Entscheidungen treffen, die uns in die Lage versetzen, die Richtungen und Muster weiterzuentwickeln, die vor langer, langer Zeit angelegt wurden.

Anmerkungen

I.

Einen zusammenfassenden Überblick über die Entwicklungsstadien der kosmischen Evolution gibt Eric Chaisson, *Universe: An Evolutionary Approach to Astronomy*, Englewood Cliffs 1988.

Die Zitate über die Rätsel der Natur stammen aus: Arthur S. Eddington, *Das Weltbild der Physik und ein Versuch seiner philosophischen Deutung*, Braunschweig 1931, S. 333, S. 271. – James Jeans, »Interview«, in: *Living Philosophers*, New York 1931. – »The Philosophy of Niels Bohr«, in: *Bulletin of Atomic Physicists*, Vol. XIX, 7. – Werner Heisenberg, *Das Naturbild der heutigen Physik*, Hamburg 1955, S. 12. – ders., *Philosophic Problems of Nuclear Science*, New York 1952, S. 62. – ders., »Development of Concepts in the History of Quantum Theory«, in: *American Journal of Physics*, Vol. 43,5, 1975.

Einsteins »Schuster«-Bemerkung findet sich in: Albert Einstein/Max Born, *Briefwechsel 1916-1955*, München 1969, S. 118.

Wheelers »Drache« taucht vielerorts in seinen Schriften auf, u. a. in: John A. Wheeler, »Bits, Quanta, Meaning«, in: *Problems of Theoretical Physics*, hg. v. A. Giovannini/F. Mancini/M. Marinaro, Salerno 1984.

II.

Darstellungen der Theorie des durchbrochenen Gleichgewichts Niles Eldredge/Stephen J. Gould, »Punctuated equilibria: an alternative to phylogenetic gradualism«, in: *Models in Paleobiology*, hg. v. Schopf, San Francisco 1972. – Gould/Eldredge, »Punctuated equilibria: the tempo and mode of evolution reconsidered«, in: *Paleobiology*, Vol. 3, 1977. – Weitere Einzelheiten u. a. in: Niles Eldredge, *Time Frames: The Rethinking of Darwinian Evolution and the Theory of Punctuated Equilibria*, New York 1985. – ders., *Unfinished Synthesis. Biological Hierarchies and Modern Evolutionary Thought*, Oxford 1985. – Stephen J. Gould, »Irrelevance, submission and partnership: the changing role of paleontology in Darwin's three centennials, and a modest proposal for macroevolution«, in: *Evolution from Molecules to Men*, hg. v. D. Bendall, Cambridge 1983.

Zu Ilya Prigogines Ungleichgewichts-Thermodynamik Ilya Prigogine, *Thermodynamics of Irreversible Processes*, New York 1967. – Ilya Prigogine/Isabelle Stengers, *Order Out of Chaos*, New York 1984.

III.

Die Ansichten des Autors über die Wechselbeziehung von Gehirn und Geist sind beschrieben in: Ervin Laszlo, *Introductions to Systems Philosophy*, New York, London 1973.

Eccles' Aussage über das Gedächtnis stammt aus: John Eccles/Daniela N. Robinson, *Das Wunder des Menschseins. Geist und Gehirn*, München 1985, S. 171.

Lashleys eigene Schlußfolgerungen aus seinen Experimenten in: Karl Lashley, »The problem of cerebral organisation in vision«, in: *Biological Symposia*, Vol. VIII, *Visual Mechanisms*, Lancaster 1942.

Zu Edelmans »Neuronalem Darwinismus« siehe Gerald M. Edelman, *Unser Gehirn – ein dynamisches System. Die Theorie des neuronalen Darwinismus und die biologischen Grundlagen der Wahrnehmung*, München 1993. – G. M. Edelman/V. B. Mountcastle, *The Mindful Brain: Cortical Organisation and the Group-Selective Theory of Higher Brain Function*, Cambridge, MA 1978. – Eine allgemeinverständlichere Darstellung in: G. M. Edelman, *Bright Air, Brilliant Fire*, New York 1992.

IV.

Eine Zusammenstellung der rätselhaften Quantenexperimente gibt J. C. Polkinghorne, *The Quantum World*, London 1984. – Albert Einstein/Boris Podolski/Nathan Rosen, »Can quantum mechanical description of physical reality be considered complete?«, in: *Physical Review*, Vol. 47, 1935. – John S. Bell, »On the Einstein Podolski Rosen Paradoxon«, in: *Physics*, Vol. 1, 1964.

Die meisten der rätselhaften ›Zufälle‹ im physikalischen Universum sind beschrieben in: John D. Barrow/Frank J. Tipler, *The Anthropic Cosmological Principle*, New York 1986. – George Greenstein, *The*

Symbiotic Universe, New York 1978. – Fred Hoyle, *Das intelligente Universum. Eine neue Sicht von Entstehung und Evolution*, Frankfurt 1984.

Zu Mutation und natürlicher Auslese siehe *Beyond Neo-Darwinism: Introduction to the New Evolutionary Paradigm*, hg. v. M. W. Ho/P. T. Saunders, London 1984.

Weitere wichtige Abhandlungen zum Thema z. B. M. W. Ho, »On not holding nature still: evolution by process, not by consequence«, in: *Evolutionary Processes and Metaphors*, hg. v. M. W. Ho/S. W. Fox, London 1988. – Peter T. Saunders, Evolution without natural selection, in: *Evolutionär Denken?* hg. v. A. Popp, Fulda 1993. – M. W. Ho, The Role of Action in Evolution, in: *Evolutionär Denken*. – Roberto Fondi, *La Révolution Organiciste*, Paris 1986.

Jacobs Ansichten in: François Jacob, *Die Logik des Lebenden. Von der Urzeugung zum genetischen Code*, Frankfurt 1972.

Sinnott formulierte seine vorausschauenden Ansichten in: Edmund Sinnott, *Matter, Mind and Man*, New York 1957. – ders., *The Problem of Organic Form*, Yale 1963.

Lorimers umfassende Darstellung der Nah-Todeserlebnisse in: David Lorimer, *Das Bewußtsein der Einheit. Die Ethik der Nah-Todeserfahrungen*, Frankfurt 1993.

Zur Reinkarnationsthematik siehe Ian Stevenson, *Children Who Remember Previous Lives*, Richmond 1987. – Thorwald Detlefsen, *Schicksal als Chance*, München 1979. – Morris Netherton/Nancy Shiffrin, *Past Lives Therapy*, New York 1978. – Roger Woolger, *Other Lives, Other Selves*, New York 1987.

Eine jüngere Darstellung von Pribrams Theorie des Gehirns in Karl H. Pribram, *Brain and Perception: Holonomy and Structure in Figural Processing*, Hillsday, NJ, 1991.

Über die neurophysiologische Basis esoterischer Erfahrungen Karl H. Pribram/D. McGuiness, Commentary on Jeffrey Gray's »The neuropsychology of anxiety: An enquiry into the functions of the septohippocampal system«, in: *The Behavioral and Brain Sciences*, 5, 1982.

Eine ausführliche Darstellung simultaner Einsichten bei Künstlern und Wissenschaftlern gibt Leonard Shlain, *Art and Physics: Parallel Visions in Space, Time and Light*, New York 1991.

Zu Targs und Puthoffs Experimenten siehe Russell Targ/Harold Puthoff, »Information transmission under conditions of sensory shielding«, in: *Nature*, Vol. 251, 1974. – Russell Targ/K. Harary, *The Mind Race*, New York 1984.

Berichte von Traum-ASW-Erfahrungen in: M. Ullman/Stanley Krippner, *Dream Studies and Telepathy: An Experimental Approach*, New York 1970. – Michael A. Persinger/Stanley Krippner, »Dream ESP experiments and geomagnetic activity«, in: *The Journal of the American Society for Psychical Research*, Vol. 83, 1989.

Byrds Versuche sind dargestellt in: Larry Dossey, *Recovering the Soul: A Scientific and Spiritual Search*, New York 1989.

Über die in Italien durchgeführten Experimente berichtet die Zeitschrift *Cyber*, Mailand, No. 40, November 1992.

V.

Einsteins Kommentar zur Bedeutung des Feldbegriffs in: Albert Einstein, *Mein Weltbild*, Berlin 1977, S. 159.

Eine umfassende Darstellung des geforderten raum- und zeitbindenden Feldes, siehe Ervin Laszlo, *Quantendämmerung. Eine neue Theorie der Kreativität*, Frankfurt am Main 1994 (Insel Verlag).

Ähnliche Konzepte sind u. a. vorgestellt worden von: David Bohm, *Die implizite Ordnung. Grundlagen eines dynamischen Holismus*, München 1985. – Rupert Sheldrake, *Das schöpferische Universum. Die Theorie des morphogenetischen Feldes*, München 1983. – ders., *Das Gedächtnis der Natur. Das Geheimnis der Entstehung der Formen in der Natur*, Bern/München/Wien 1990.

Näheres zu einer multizyklischen Kosmologie in: E. Gunzig/J. Geheniau/I. Prigogine, »Entropy and Cosmology«, in: *Nature*, Vol. 330, 6149, Dezember 1987. – I. Prigogine/J. Geheniau/E. Gunzig/P. Nardone, »Thermodynamics of Cosmological Matter Creation«, in: *Proceedings of the National Academy of Sciences, USA*, Vol. 85, 1988.

Errol E. Harris skizzierte seine Vorstellungen einer Kosmologie der Ganzheit in seinem Vortrag »New Conceptions of the Universe«, den er 1988 auf dem George Mason University Symposium in Washington, DC, hielt.

Werner Heisenbergs Bemerkung über die Schwierigkeit, alte Denkkonzepte aufzugeben: »Theory, Criticism, and Philosophy«, 1968 Evening Lecture at the International Centre for Theoretical Physics in Trieste, Italy (Supplement of the IAEA Bulletin, Vienna, S. 31-46).

Anhang

Ein »Credo«; zuerst in: Zygon, Journal of Religion and Science, Vol. 23, No. 2, Juni 1988, überarbeitete Fassung (mit freundlicher Genehmigung).

Zu dieser Ausgabe

insel taschenbuch 1570
Ervin Laszlo
Wissenschaft und Wirklichkeit

Der Text des Buches, von Vladimir Delavre und Mechthild Kühling aus dem Englischen übertragen, wird hier erstmals veröffentlicht. Die englische Originalfassung ist bisher unpubliziert.

Weitere
BÜCHER
ZUR KOSMOLOGIE
im Insel Verlag:

Am Fluß des Heraklit
Neue kosmologische Perspektiven
Herausgegeben von
Eberhard Sens
Kartoniert

Der Band versucht den neuen kosmologischen Denkbewegungen in vielen Bereichen nachzugehen: den Paradoxien der Physik oder der Entstehung der Zeit, den Theorien der Selbstorganisation oder der Verbindung von Bewußtsein und Materie. Erst in einer breit angelegten Suche läßt sich ein vertieftes Verständnis der Natur gewinnen.

Friedrich Cramer
Der Zeitbaum
Grundlegung einer allgemeinen Zeittheorie
Gebunden

Daß die Zeit selbst eine Geschichte hat, daß sie entstanden ist und sich entwickelt, ist eine der aufregendsten Entdeckungen der letzten Jahre. Friedrich Cramer stellt hier einen neuen, umfassenden Zeitbegriff vor, der den aktuellen Erkenntnissen in Physik und Biologie, in Philosophie und Kosmologie Rechnung trägt.

Elisabet Sahtouris
Gaia
Vergangenheit und Zukunft der Erde
Gebunden

Die Gaia-Theorie, die die Erde als einen einzigen großen Organismus betrachtet, steht inzwischen im Brennpunkt der ökologischen und politischen Debatten. Elisabet Sahtouris, Schülerin von James Lovelock, hat das Konzept weiterentwickelt und differenziert.

David Lorimer · Die Ethik der Nah-Todeserfahrung Frankf 1993

Carol Zaleski
Nah-Todeserlebnisse und Jenseitsvisionen
Gebunden

Nah-Todeserfahrungen, Berichte von Menschen, die nach ihrem klinischen Tod wieder ins Leben zurückkamen, sind inzwischen medizinisch bestätigt worden. Carol Zaleski vergleicht gegenwärtige Berichte von Nah-Todeserlebnissen und historisch-literarische Jenseitsvisionen. Überraschende Übereinstimmungen werden sichtbar: ein neuer Ansatz zur Deutung eines vielschichtigen Themas.

Jacob Needleman
Vom Sinn des Kosmos
Moderne Wissenschaften und alte Wahrheiten
Gebunden

Auch die moderne Wissenschaft bedarf der Rückbesinnung auf alte Weisheitslehren. Needleman plädiert, bei aller nötigen Differenzierung, für eine umfassende Reintegration und damit auch für eine Humanisierung der Wissenschaften.

Michio Kaku/Jennifer Trainer
Jenseits von Einstein
Die Suche nach der Theorie des Universums
Gebunden

Die Suche nach einer einheitlichen Theorie zur Erklärung des Universums ist die zentrale Aufgabe der Astrophysik und der Quantentheorie. Das Buch gibt eine Zusammenfassung der kosmologischen Grundgedanken der letzten Jahre und Einblick in neueste Erklärungsversuche.

Werner Künzel/Peter Bexte
Allwissen und Absturz
Der Ursprung des Computers
Gebunden

Auch der Computer und seine Theorie haben ihre Geschichte. Sie reicht zurück bis zu kosmologischen, religiösen und sprachphilosophischen Konzepten in Mittelalter und Barock. Die alten Texte und die neuen Maschinen demonstrieren auf ihre besondere Weise die Logik des Universums.

David Lorimer
Die Ethik der Nah-Todeserfahrungen
Mit einem Vorwort von Raymond A. Moody
Gebunden

Das Plädoyer für ein neues Bewußtsein der Einheit, Verbundenheit und Verantwortlichkeit; der Entwurf einer neuen Ethik, die auf dem empirischen Boden der Nah-Todeserfahrungen entstehen kann.

Fred Alan Wolf
Parallele Universen
Die Suche nach anderen Welten
Gebunden

In glänzendem Weiterdenken der heute gängigen Quantentheorie führt Wolf den Leser in die Annahme paralleler Universen ein, in die Vorstellung, nach der die Zukunft die Vergangenheit zu bestimmen vermag, nach der prophetische Träume und Schizophrenie die Überlappung paralleler Universen anzeigen und Quantencomputer den Aktienmarkt vorhersagen können.

Wolfgang Kaempfer
Zeit des Menschen
Das Doppelspiel der Zeit im Spektrum der menschlichen Erfahrung
Gebunden

Wolfgang Kaempfers Buch enthält eine umfassende Darstellung der ›Zeit des Menschen‹, in Religion und Mythologie, in Politik und Gesellschaft, in Kunst und Philosophie. Zusammen mit Friedrich Cramers ›Zeitbaum‹ liegt damit, in zwei Bänden, eine Art Handbuch zur ›Zeit‹ vor.

Friedrich Cramer
Chaos und Ordnung
Die komplexe Struktur des Lebendigen.
Mit zahlreichen Abbildungen
insel taschenbuch 1496

Natur ist keineswegs nur Ordnung, die Vorstellung des durch und durch geregelten Kosmos ist erschüttert. Alles Lebendige bewegt sich auf dem schmalen Grat zwischen Chaos und Ordnung. Diese Polarität gehört heute zu den wichtigsten Fragen der Wissenschaft. Cramers Buch beschreibt das neue Paradigma in der Anwendung auf zahlreiche Disziplinen.

Richard M. Bucke
Kosmisches Bewußtsein
Zur Evolution des menschlichen Geistes
insel taschenbuch 1498

R. M. Bucke hat mit diesem Buch auf dem Gebiet der Bewußtseinsforschung und Tiefenpsychologie innovativ gewirkt. Auf nüchternsachliche Weise beschreibt Bucke Möglichkeit und Wirklichkeit einer Bewußtseinsveränderung und untersucht zahlreiche historische Fälle.

Der Geist im Atom
Eine Diskussion der Geheimnisse der Quantenphysik
Herausgegeben von P. C. Davies und J. R. Brown
insel taschenbuch 1499

Anlaß dieses Buches waren die Experimente von Alain Aspect in Frankreich,die neues Licht auf die Debatte zwischen Niels Bohr und Albert Einstein warfen. Julian Brown und Paul Davies interviewten führende Physiker, die einen besonderen Anteil an der Entwicklung der Quantentheorie haben. Eine klare und knappe Einführung erläutert die Grundlagen der Quantentheorie, ihre Rätsel und Paradoxa sowie ihre unterschiedlichen philosophischen Deutungen.

Fred Alan Wolf
Körper, Geist und neue Physik
Eine Synthese der neuesten Erkenntnisse von Medizin und moderner Naturwissenschaft
insel taschenbuch 1497

Die klassische Physik eines Galilei und Newton hat auch die Mechanik des menschlichen Körpers verständlich gemacht. Doch erst die Quantenphysik versetzt uns in die Lage, den letzten Geheimnissen des Lebens ein Stück näher zu kommen. Der amerikanische Physiker F. A. Wolf vermittelt neue Einsichten in den Zusammenhang von Geist und Materie, Seele und Körper.

Anthony Zee
Magische Symmetrie
Die Ästhetik in der modernen Physik
insel taschenbuch 1501

Die theoretische Physik der Gegenwart richtet ihren Blick in immer stärkerem Maße auf den Entwurf eines einfachen und umfassenden Konstruktionsplans unserer Welt. Bei der Suche nach diesen elementaren Strukturen hat die moderne Physik erkannt: Die Natur gehorcht prinzipiell denselben Gesetzen wie die Ästhetik; besonders Formen der Symmetrie finden sich in den Bausteinen der Natur ebenso wie in der Kunst.

James Lovelock
Das Gaia-Prinzip
Die Biographie unseres Planeten

insel taschenbuch 1542

Inzwischen ist die Gaia-Theorie auch in Deutschland anerkannt. Dazu hat das weltweit Aufsehen erregende Buch von James Lovelock erheblich beigetragen. Denn er ist der Begründer dieses neuen Paradigmas der Geologie und Biologie, der Erdbetrachtung insgesamt. Auf dem Spiel steht heute die Gesundheit der Erde. Das Gaia-Prinzip eröffnet neue Perspektiven und neue Chancen für uns alle.

Ian Stewart
Spielt Gott Roulette?
Uhrwerk oder Chaos

insel taschenbuch 1543

Chaos »ist inzwischen eines der meistdiskutierten Phänomene der gegenwärtigen Mathematik«. Stewart zeigt, daß dieser neuen Mathematik ein großer Teil der Natur entspricht, daß die Welt der Dynamik sich noch immer unseren Berechnungen entzieht. Spielt Gott also Roulette mit unserer Welt – oder spielt er ein tiefsinnigeres Spiel, dessen Regeln wir nur noch nicht verstanden haben?

John Gribbin/Martin Rees
Ein Universum nach Maß
Bedingungen unserer Existenz

insel taschenbuch 1579

Eine aktuelle Einführung in die Grundfragen der Kosmologie, zur Entstehung des Universums ebenso wie zur Theorie der ›Schwarzen Materie‹, zu den physikalischen Gesetzen des Kosmos und zur Entwicklung des Lebens. Fesselnd geschrieben und für jedermann verständlich, macht dieses Buch dem Leser deutlich, was in der Astrophysik zur Erkenntnis geworden ist: »Unser« Universum ist ein Universum nach Maß für die Menschheit, und es ist das einzig denkbare, in dem wir existieren können.

Mircea Eliade
Kosmos und Geschichte
Der Mythos der ewigen Wiederkehr

insel taschenbuch 1580

Bei dem Versuch des Menschen, seine eigene Stellung im Universum zu deuten, lassen sich zwei einander prinzipiell entgegengesetzte Grundhaltungen unterscheiden: die des »historischen (modernen) Menschen«, der sich als Schöpfer der Geschichte erkennt, und die des »Menschen der archaischen Kulturen«, der die Geschichte abwehrt, indem er alles Historische in ein System von Mythen und Archetypen einordnet. Alles Geschehen im Leben des Individuums wie der Gemeinschaft hat auf diese Weise selbst teil an einem Urbild, ja wird selbst ein Teil einer überzeitlichen Gegenwart. Dadurch erhält es seinen Wert: Das »Chaos« wird zum »Kosmos«, »Geschichte« zur »Wirklichkeit« beispielhafter Vorbilder. *Kosmos und Geschichte* gehört zu Mircea Eliades bahnbrechenden Arbeiten, dessen Œuvre in Deutschland vor allem von den Verlagen Suhrkamp und Insel betreut wird.